グリーン・ジャイアント

脱炭素ビジネスが世界経済を動かす

森川 潤

文春新書

1327

グリーン・ジャイアント　脱炭素ビジネスが世界経済を動かす◎目次

はじめに

時代の転換点というのは、いつも静かにあっけなくやってくる。

人類が誕生したのも、資本主義が生まれたのも、産業革命が起きたのも、インターネットが登場したのも、さらには携帯電話がスマホに移り変わったのも、サッカーのゴールシーンのように明確な歴史的瞬間があるわけではない。気づけば、いつの間にか王座が替わっていて、それが当然になっている。

しかし、今、我々が生きる２０２０年代の始まりは、後に「あれが歴史の転換点だった」と認識されるかもしれない。20世紀を支えた化石燃料型の経済が、気候対策型の経済へと一気にシフトした1年間として。そう思わざるを得ないほど、この1年間でこれまでの経済の前提を揺るがす大きなシフトが、あらゆる業界で同時多発的に動き始めている。

その一つの象徴的瞬間は、２０２０年10月7日に訪れていた。

米エクソン・モービルといえば、ガソリンスタンドの「エッソ（Esso）」「モービル

(Mobil)」などを通じて、日本でも誰もが耳にしたことがある名前だろう。彼らは「石油の世紀」と言われた20世紀を、最も象徴する企業の一つだった。ジョン・ロックフェラーが創設し、かつて米国の石油の9割を握ったスタンダード・オイルを前身に持つエクソンは、20世紀を通じて、石油が「富と権力」の源泉となる中で、世界中の権益を独占してきた。

「セブンシスターズ」「スーパーメジャー」などの呼称で畏怖された国際石油資本の中でも常にトップに君臨したエクソンは、つい10年前まで、世界のすべての企業の中でもトップの時価総額を誇った。

だが、この日、そのエクソンがエネルギー界の王座から転落した。しかも、新たに時価総額でトップに立ったのは、ほかの巨大資本ではなく、誰も知らぬ地方のエネルギー企業だった。

その名はネクステラ・エナジー（NextEra Energy）、１９２５年に創業した米フロリダ州拠点のいわゆる地方電力の一つだ。従業員数は国際資本であるエクソンのわずか5分の１の約１万４９００人に過ぎず、米国でさえその名を知る人は少ない。だが、ネクステラはこの20年、風力発電や太陽光といった再生可能エネルギー（再エネ）で全米を席巻し、

エクソンとネクステラの時価総額の推移

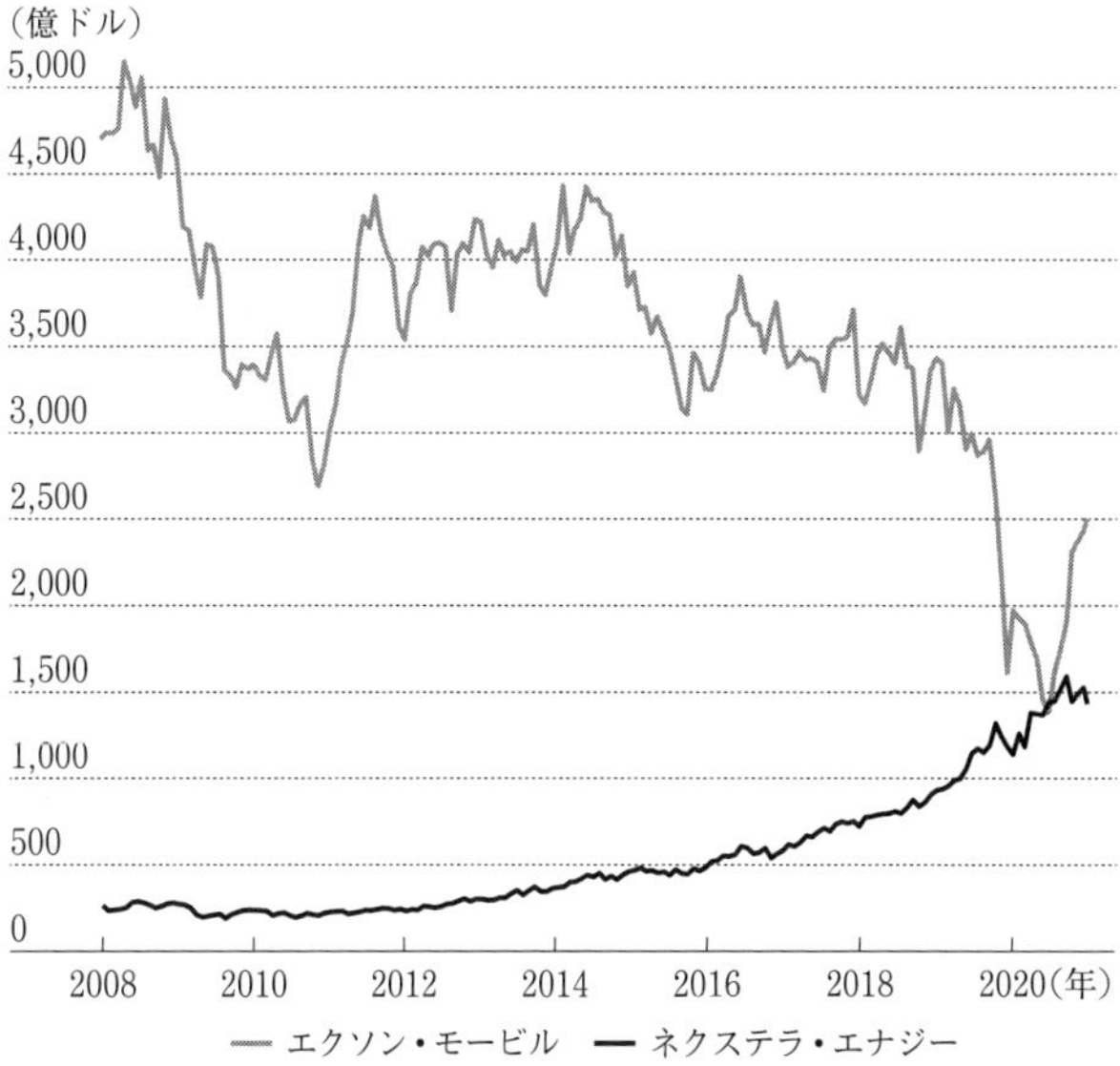

この10年で株価を5倍近くにまで引き上げてきたのだ。

　これは5年前はおろか、1年前でさえ考えられない出来事だった。誰しもが、代替エネルギーに過ぎなかった再エネが、エネルギーの王様である石油企業を捉える日がこんなに早く来るとは予想していなかったからだ。

　実のところ、ネクステラの天下は、わずか数日で終わった。エクソンの陥落は、短期的には、新型コロナウイルスの感染拡大による石油需要の落ち込みを反映したもので、その後、ワクチン開発の進展から経済活動の再開を期待する投資家たちがエクソンを再び買いに走ったためだ。

しかし、これを一時的な「異変」と軽視することはできない。というのも、この10年強のトレンドを見る限り、かつて盤石《ばんじゃく》を誇った石油企業の凋落と、再エネ企業の長期的な成長のコントラストは極めて鮮明だからだ。実際、２０２１年5月には、かつては再エネに否定的だった国際エネルギー機関（ＩＥＡ）までが、気候変動対策の目標達成には、石油など化石燃料への新規投資を即刻やめ、２０５０年までに再エネを90%にしなければいけないとのロードマップを公表している。

つまり、今の気候トレンドを辿《たど》る限り、否が応でも再エネが本格的に石油を超える未来はやってくるということだ。

その証拠に、冒頭のような逆転劇は、世界の各地で起きている。例えば、イタリアでは、再エネ企業のエネル（Enel）が、半国営石油企業であるエニ（Eni）を時価総額で抜き、同様にスペインでも、再エネのイベルドローラ（Iberdrola）が石油・ガス企業のレプソル（Repsol）を捉えた。さらには、欧州全体でみても、北欧デンマークの再エネ企業オーステッド（Ørsted）が、エクソンと同じ「スーパーメジャー」の一角である英ＢＰ（旧英国営石油）を抜いた瞬間があった。

本書では、新たにエネルギー業界の盟主へと躍り出てきた企業たちを「グリーン・ジャイアント（再エネの巨人）」と呼ぶ。いずれも、世界のエネルギーが転換期を迎えることにいち早く気づき、10～20年前から再エネへと一気に舵を切った企業である。そして、今、ようやく時代が追いつき、彼らはすでに世界のエネルギー変革の主役となっている。

同じような逆転劇は今後、エネルギー業界にとどまらず、あらゆる領域で起きていく。なぜなら、もはや「脱炭素」の動きは各国の政治やイデオロギーの議論ではなく、すでに巨額の「マネー」が動く領域になってしまっているからだ。各国で、CO_2排出権に価格をつける検討が始まり、世界のマーケットを動かす機関投資家たちは、気候変動への取り組みが足りない企業から資金を引き上げている。一方で、新たな気候対策イノベーションを促進するメカニズムが動き始める。その勢いは、２０２１年に入り米バイデン政権が誕生してから、世界中でさらにスピード感を増している。

本書は「グリーン・ジャイアント」の台頭を含め、近年、誰もが否が応でも耳にする「脱炭素」の最前線を、あらゆる角度から丁寧に読み解くことを主眼としている。少し目を通していただければ、政治、エネルギーだけでなく、金融システムに、イノベーション、若者のライフスタイルから、資本主義の再構築まであらゆる分野で、多くの日本人が思っているよりも、気候変動をめぐる一つの物語（ナラティブ）が共有され、もうとっくに動き始めていることが分かるはずだ。

今、世界が向かっているコンセンサス自体は極めてシンプルだ。目標は「産業革命前と比べ、平均気温の上昇を1・5℃以下に抑える」ことであり、そのために2050年までに「温室効果ガス（GHG）の排出を実質ゼロにする」（カーボンニュートラル）というのが、一つの大きな流れとなっている。

一番重要なのは、世界のナラティブでは、これはもはや「可能性の議論」ではなく、すでにあらゆる人間活動の前提になってしまっているということだ。もう5年以上も前から、欧州を中心に、政治、経済、金融システム、ライフスタイルまでがカーボンニュートラルを前提にした仕組みに再構築され、世界各地に広がっている。

これはあらゆる企業や組織にとって、既存ビジネスの延命がリスクになる一方で、逆に、この機会をいち早く捉えた者には大きな可能性が生み出されるということでもある。その象徴といえるのが、冒頭にも述べた「グリーン・ジャイアント」の台頭だ。

先述のように、本書は気候変動をめぐる啓蒙というよりは、あくまで日本ではあまり認識されていない世界経済の仕組みのシフトを丁寧に紐解いていくことを主眼に置いているが、その中で一つだけ、筆者からの視点として意識していただきたいことがある。

それは、冒頭でも伝えた歴史の転換点において、この20年間、日本は常に塗り替えられる側に位置しているということである。21世紀に入り、インターネット、スマホ、クラウドなど、世界を席巻するテクノロジーにおいて、日本は全くもって存在感を示せず、世界の時価総額ランキングトップ50に名を連ねる日本企業の数も、平成元年（１９８９年）は32社だったのが、２０２１年現在はトヨタ１社だけになってしまった。そのトヨタも、世界が電気自動車（ＥＶ）へと舵を切る中で、10、20年後も安泰とは決していえない。

電力でもそれは同じだ。日本は原発や、石炭・ガスの火力発電といった従来の発電を手掛けるメーカーこそ多数抱えるものの、今世界の主役に躍り出ている太陽光や陸上、洋上の風力における存在感はほぼゼロだ。太陽光にいたっては、１９７０年代の黎明期に、日本がそのイノベーションを支えてきたにもかかわらず、である（ビル・ゲイツは、このころの日本が果たした役割を今も繰り返し称賛している）。結果、「グリーン・ジャイアント」のような存在はおろか、それに準ずる存在さえ、日本からは登場していない。

世界の流れが加速する中で、日本では「結局またもや『欧米主導のルール作り』に無理やり乗せられている」という不満を聞くことも少なくない。確かに、そういう側面がないとは言い切れないし、もし日本が本当に独自のやり方を貫く覚悟があるならば、それはそれで一つの選択肢とさえ思っている。

だが、米国を拠点に活動して日々感じるのは、多くの日本人が思っているよりも、あらゆる生活の局面において気候変動対策が最も注目されるトピックになっており、それをこれからの世界を担うミレニアル世代、Z世代が支えているということだ。そして、彼らは気候変動をも「次なるイノベーション」につなげようとするあくなきパワーを生み出している。この流れは無視を決め込むにはあまりに大きなリスクであるし、何よりも、一度は日本からも「未来を作る側」の企業や人が出てきてほしい、という望みを持っていたい。

今から10年後に「知らぬうちに日本がまた一つ時代に置いて行かれた」とならぬよう、本書が一助になれば幸いだ。歴史の転換点は、いつの間にか過ぎているものなのだから。

第一章　カーボンニュートラル狂騒曲

ギリギリだった「脱炭素宣言」

約25分にわたる演説で、唯一大きな拍手と喝采が沸き起こった瞬間だった。

「我が国は、２０５０年までに、温室効果ガスの排出を全体としてゼロにする、すなわち２０５０年カーボンニュートラル、脱炭素社会の実現を目指すことを、ここに宣言いたします」

これは２０２０年10月26日の菅義偉首相による所信表明演説の一節だ。安倍政権を引き継ぎ、１カ月ほどが経つこのタイミングで、菅首相は突然のように「カーボンニュートラル」という言葉を打ち出した。

カーボンニュートラルとは、温室効果ガスの排出量を、植物などによる吸収との相殺《そうさい》で「実質ゼロ」にすること。安倍政権の約8年間では、うち3年半がドナルド・トランプ大統領の在任期間と重なっていることもあって、脱炭素が重要政策に挙がることはなかったため、菅首相によるいきなりの「先制パンチ」は、世間や業界に少なからぬ衝撃を与えた。

特に、象徴的だったのは、この宣言が温暖化対策について「経済成長の制約ではありません」と言い切ったことだ。むしろ、「積極的に温暖化対策を行うことが、産業構造や経済社会の変革をもたらし、大きな成長につながるという発想の転換が必要です」として、次なる経済成長の芽に位置づけている。

この「発想の転換」こそが日本に必要だったもの、と環境エネルギー事業を手掛けるレノバ（東証一部）の木南陽介社長は評価する。

「長く環境事業をやってきましたが、日本ではずっと、温暖化対策は、真偽不明だとか、コストが高いとか、課せられた義務という位置づけでしかありませんでした。付加価値を生む成長産業だと認められていなかったのです。その間に、欧州、中国、アメリカの一部で、認識が変わり始めていたわけですが、ここに来てそのパラダイムが一気に転換しました。成長産業、イノベーションの契機がいきなりドンと生まれたのです」

しかし菅首相のデビューを華々しく飾ったこの宣言だが、実は、残された猶予期間はわずか1週間という「ギリギリのタイミング」（政府関係者）だった。

そもそも、２０２０年までに世界では「カーボンニュートラル狂騒曲」と言っていいほど、各国による宣言が相次いでいた。

まず、２０１８年に、北欧スウェーデンが２０４５年までのカーボンニュートラルを法

カーボンニュートラル宣言国

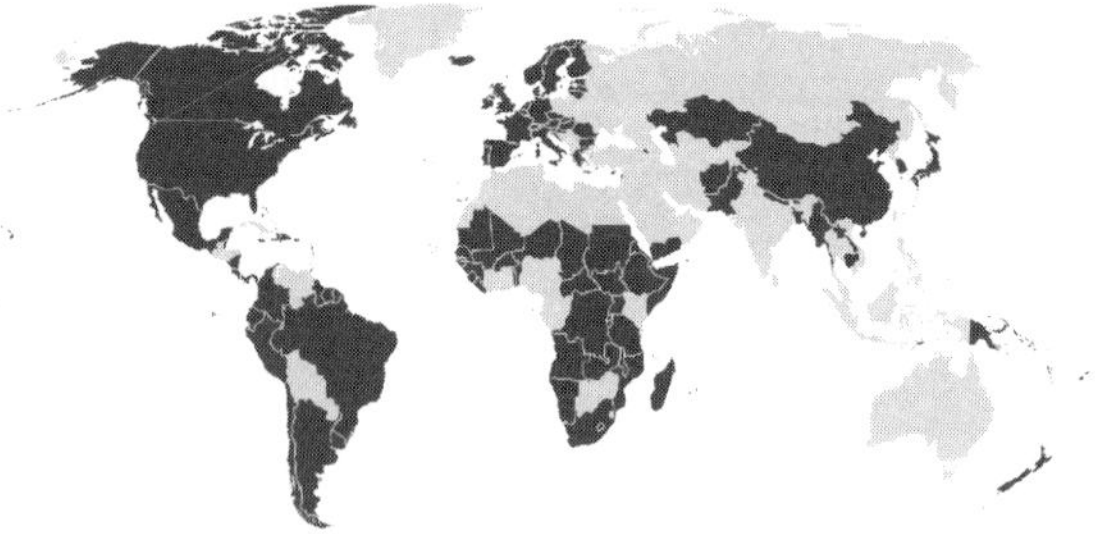

出所：Energy & Climate Intelligence Unit

律化すると、２０１９年６月にＧ７では初めて、英国が２０５０年までのカーボンニュートラルを決めた。さらにフランス、ニュージーランドなどが続くと、２０２０年にはＥＵ（欧州連合）も法案の検討を進め、10月には実に１２０カ国が宣言するまでになっていた。

　とはいえ、日本を焦らせたのは、単純な宣言国の多さではない。むしろ、ただ数が積み上がるだけであれば、日本も悠長に構えていられたかもしれない。だが、日本の未来に大きく影響を及ぼす２つの大国が急に動き始めたことで、残された時間が一気に減っていったのである。

　まず動いたのは中国だった。２０２０年９月22日、習近平国家主席が突如、国連総会のビデオ演説で「我々はCO_2排出量を２０３０年までに減少に転じさせ、２０６０年までにカーボンニュートラルを目指す」と宣言したのである。中国といえば、世界でダントツのCO_2排出量を誇る上に、今も一番排出量の大きい石炭火力発電所を次々と新設する「温暖化の元凶」とされているため、国家元首本人が自ら公言した目標は、世界でも驚きをもって受け止められた。

同じころ、アメリカは、大統領選モードに突入していた。

各種の世論調査では、ジョー・バイデン候補のリードが伝えられていたものの、2016年の大統領選の逆転劇という前例もあり、まだトランプの勝利を予測する声も根強かった。トランプは4年の在任期間を通して、「中国の陰謀」として気候変動自体を否定し続けていたが、バイデンは主要公約に「気候変動対策」を盛り込んでいた。一つ確実なのは、もしバイデンが当選すれば、米国がカーボンニュートラルに突き進むということだった。

日本のカーボンニュートラル宣言は、まさに大統領選の投開票が約1週間後に迫る、そのギリギリのタイミングだったのである。

「最後、首相官邸の背中を押したのは、やはりバイデンさんの存在です。『バイデン、大統領になっちゃうかもしれないよ』という雰囲気が出てきて、もしアメリカが環境政策を思いっきり変えたら、日本だけが梯子《はしご》を外された格好になる、と。この不安は相当ありましたよ、官邸には」と、ある大手電力会社の幹部は打ち明けた。

菅首相の宣言の翌日、ＮＰＲ（米公共ラジオ局）は「日本が、気候変動による最悪の事態を回避することを目指す国々のリストに加わった」と報じた。そこには、ようやく日本が世界のナラティブに加わった、という本音が透けて見える。

なぜ、２０５０年カーボンニュートラルなのか

では、なぜ今世界はこぞって「カーボンニュートラル」に走っているのか。

これを知るため、そして世界がどこに向かっているのかを把握するためには、まずそもそもの気候変動をめぐる議論がいかに進んできたのかを振り返る必要がある。

まず、地球温暖化の原因として、「人間活動（Human Activity）」が最初に大きく取り上げられたのは、１９９０年のことだった。１９８８年に創設された国連のＩＰＣＣ（気候変動に関する政府間パネル）が、初めてまとめた第1次評価報告書で「人為起源の温室効果ガスがこのまま大気中に排出され続ければ、生態系や人類に重大な影響をおよぼす気候変化が生じるおそれがある」と指摘したのである。世界の第一線の研究者たちが発したこの警告は大きなインパクトを与えたが、まだ、この時点では「観測されている気温の上

昇は、大半が自然の変化によるものである可能性もある」とも指摘されていた。

その後、1995年の第2次評価報告書では「全球平均気温および海面水位の上昇に関する予測から、人間活動が、人類の歴史上かつてないほどに地球の気候を変える可能性がある」とその確度を高め、2001年の第3次評価報告書では「過去50年間に観測された温暖化のほとんどが人間活動によるものであるという、新たな、かつより強力な証拠が得られた」とさらに踏み込んだ。

2007年の第4次評価報告書からはかなり断定的になっていく。3年の歳月をかけて、約4000人の専門家がかかわりまとめた報告書は「気候システムの温暖化には疑う余地がない」、「世界の温室効果ガスの排出量は、工業化以降、人間活動により増加しており、1970年から2004年の間に70％増加した」と指摘した。この年、IPCCはドキュメンタリー映画『不都合な真実』（2006年）に主演したアル・ゴア元米副大統領とともに、ノーベル平和賞を受賞する。

その次の第5次評価報告書は2014年に公表された。ここで示されたポイントは多岐にわたるが、以下にいくつかの論点を列挙したい。

●「気候システムの温暖化には疑う余地はない」。気温・海水温・海水面水位の上昇、雪氷減少などの観測事実が強化され、温暖化していることが再確認された。

●「人間による影響が20世紀半ば以降に観測された温暖化の支配的な（dominant）原因であった可能性が極めて高い（95％以上）」。第4次評価報告書では「可能性が非常に高い（90％以上）」であったが、更に踏み込んだ表現となった。

●今世紀末までの世界平均気温の変化は、いくつかのシナリオによれば0・3〜4・8℃の範囲で、海面水位の上昇は0・26〜0・82メートルの範囲で起きる可能性が高い。

●気候変動を抑制するには、温室効果ガス排出量の抜本的かつ持続的な削減が必要である。

●「CO_2の累積総排出量とそれに対する世界平均地上気温の応答は、ほぼ比例関係にある」。最終的に気温が何℃上昇するかは、CO_2累積総排出量の幅に関係する。

これらは、８００人以上の研究者が4年をかけて執筆したもので、日本からも30人の研究者が参加している。ちなみに、気候モデルやハリケーンの頻度、海面上昇のレベル、自

世界の平均気温の変化予測

1986–2005年平均を基準とした21世紀末の変化

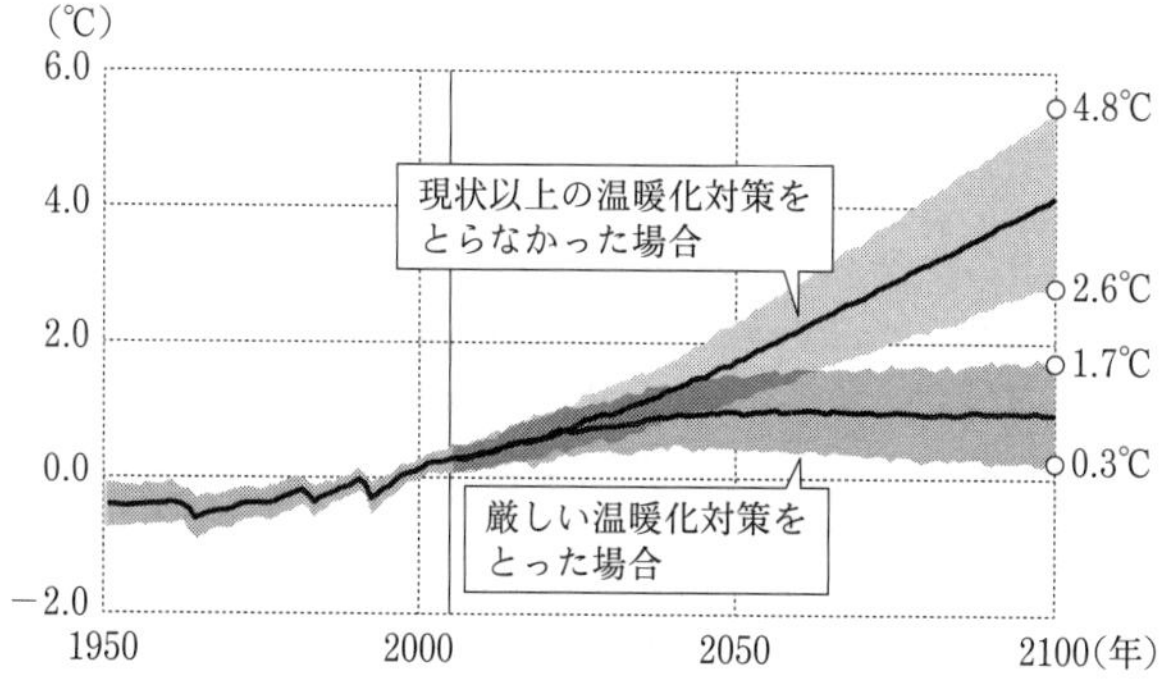

IPCC第5次評価報告書統合報告書を基に作成

然要因の評価をめぐっては、一部の科学者から異論も出ているが、それは極めて少数派だという。

この報告書の内容は、翌年の「パリ協定」に結実する。正式名称は「第21回国連気候変動枠組条約締約国会議（ＣＯＰ21）」という。パリ協定といえば、後年、トランプ前米大統領が「中国、ロシア、インドは何も貢献しないのにアメリカは何十億ドルも払う不公平な協定だ」として脱退したことの印象も強いかもしれないが、実際は、今にいたる世界の気候変動をめぐる議論を決定づけた明らかな転換点であった。

「気候変動をめぐり、（海面上昇や台風の増大など）不確実な要素を議論する時期は過ぎ去った。主題は『温暖化する地球』となり、ここからは

〝パリ前〟と〝パリ後〟の2つの時代に明確に区分けされることになった」。『石油の世紀』などの著書で知られるエネルギー問題の権威ダニエル・ヤーギンはこう語っている。

パリ協定は気候変動枠組条約に加盟する全１９６カ国が参加した史上初の枠組みであり、そのうち１９１カ国が実際に批准している（２０２１年3月時点）。何よりも大きかったのは、地球上のCO_2総排出量の約4割を占める米国、中国という「2大排出国」が批准したことだ。というのも、それまでは、米国を中心とする先進国と、中国が代表する新興国の利害が一致せず、合意できない状態が続いていたからだ。特に、２００９年のＣＯＰ15（コペンハーゲン）にいたっては、「中学校の生徒会以来で最悪の国際会議だった」と、ヒラリー・クリントン米国務長官（当時）が漏らすほど壊滅的な状況だった。

では、パリ協定が決定づけたこととは何だったのか。環境省の資料と、原文のニュアンスが微妙に異なるため、原文の訳を載せたい。

パリ協定の目標は、地球温暖化を産業革命前と比較して2℃よりも遥かに低い、できれば１・5℃までに抑えることです。この長期的な温度目標を達成するために、各国は温室効果ガスの排出量をできるだけ早く世界的にピークに到達させ、今世紀半ばまでにカーボンニュートラルの世界を実現することを目指します。
（※環境省の資料では、mid-century が「今世紀後半」、carbon neutral が「温室効果ガスの人為的な排出と吸収のバランスを達成」と訳されているなど、原文より弱めの表現になっている）

ここにきて、「今世紀半ばのカーボンニュートラル」が、世界の方向性として明確に示されたのである。

ちなみに、パリ協定では平均気温の上昇抑制を「2℃、できれば1・5℃」としていたが、今の世界のリーダー層は明確に「1・5℃」をターゲットにし始めている。気候学者の研究によると、この0・5℃が大きな差を生み出すとみられているからだ。第5次評価報告書に主執筆者の一人として参加した国立環境研究所の江守正多は筆者らの取材に対し、こう解説している。

「1・5℃上昇したときに、何か急激に変わったり、世界が破滅したりする、というわけではありません。ですが、今すでに起き始めているさまざまな気候変動の悪影響が、さらに大きくなっていくことは確かです。ここ数年、豪雨や台風で大きな被害が相次いでいますが、あれ自体は不規則な気候変動の中で、たまたま起きたことではあります。しかし、温暖化によって水蒸気の量が増えれば、さらにパワーアップしたものが来ることになる。このように、温暖化する分だけ、気象現象の悪影響が大きくなるということは、確実に言えます。

これが2℃の上昇となると、話が変わってきます。実は、1・5℃の時とは違って、2℃上昇すると極端に気候が変化してしまうのではないか、という科学的な議論が存在しているのです。正確に2℃かは分からないのですが、我々の分野では、その変わり目のことを『ティッピングポイント』と呼びます。ティッピングポイントというのは、臨界点のような、スイッチが入るポイントのことです。温度はゆっくりゆっくり上がっているんだけども、影響の出方がガラッと変わるような。そうなってしまえば、いくらその後に温暖化を止め、気温が上昇しなくなったとしても、氷は解け続ける。そのような〝スイッチ〟が入ってしまう恐れがあります」

この議論をまとめあげたのが2018年の「1・5℃特別報告書」である。こちらは「現在の進行速度では、地球温暖化は2030〜2050年に1・5℃に達する」としており、これを抑えるためには「社会のあらゆる側面において前例のない移行が必要」として、CO_2排出量の２０３０年までの45％削減、２０５０年ごろの実質ゼロ（カーボンニュートラル）の必要性を説いたのだ。

　これが２０２０年の「カーボンニュートラル・ラッシュ」にいたるまでの背景である。つまり、今日本を騒がせている「２０５０年のカーボンニュートラル」は、この30年をかけた気候科学の叡智《えいち》がたどり着いた結論だったということである。

　ちなみにパリ協定は、各国にＮＤＣ（Nationally Determined Contribution）と呼ばれる削減目標を5年毎に提出することを求めている（拘束力はなし）。２０２０年が、日本を始め、世界がカーボンニュートラルを宣言する「ラッシュ」となったのは、ちょうどこの年が協定から5年を経過するタイミングであったからだ。

　そして、本書の執筆中の２０２１年8月に発表されたＩＰＣＣの第6次評価報告書では、「人間の影響が大気、海洋および陸域を温暖化させてきたことに疑う余地はない」と、ダメ押しの一打が放たれた。国連のアントニオ・グテーレス事務総長は、「人類への赤信号だ」と指摘している。

　これが２０２１年時点における、気候変動をめぐる現在地であり、世界のリーダーたちが共有している一つのナラティブである。つまり、今やこの目標をめがけて、政治、ビジネス、テクノロジー、そしてお金までもが動いているということだ。

アメリカは本気なのか

「America is back（アメリカは戻ってきた）」

２０２１年２月４日、バイデン米大統領は外交演説でこう繰り返した。１月20日に就任したバイデン大統領が真っ先に取り組んだことは、国際政治の舞台にアメリカを「戻す」ことだった。なかでも、パリ協定については、大統領選の翌日である２０２０年11月４日にトランプ前大統領が離脱を決めていたが、バイデン大統領はまさに大統領就任の当日に復帰の署名をし、２月19日に正式に復帰が認められた。

「我々は、気候目標をすべての外交活動に統合させ、気候目標の野心レベルをさらに高めていきます。そうすれば、他の国や主要な排出国に対して、自分たちの約束をさらに強化するよう求めることができるからです」

冒頭の演説でこう述べたように、バイデン政権では、気候対策は、外交、経済、イノベーションなどあらゆる分野にまたがるコア政策に位置付けられている。

まず、3月31日には今後8年で総額2兆ドル（約220兆円）以上をつぎ込む「アメリカ雇用計画」というインフラ投資計画を発表した。「第二次世界大戦以来で最大の投資であり、何百万人もの良い収入の雇用を生む」とバイデンが豪語するこの計画も、電気自動車（EV）の充電ステーションのほか、鉄道や電力網や施設などのグリーン化、環境イノベーションなど、気候変動関連が半分近くを占めるとみられている。

テクノロジーや人権問題をめぐって対立を深める中国との関係でも、気候変動は異なる役目を担っている。3月18日に米アラスカ州で開催された米中の外交トップ会談では、米国側が新疆ウイグル自治区や香港、台湾の問題に対する「深い懸念」を示して挑発すると、中国側は「内政干渉には断固反対」と反論するなど、異例の応酬がメディアの前で展開された。しかし、そのわずか1カ月後には、バイデン政権で気候変動を担当するジョン・ケリー大統領特使が上海で中国側の担当特使と会談し、気候変動をめぐる共同声明の発表にこぎつけている。ケリーは「気候変動問題は独立した問題だ。われわれが現在中国との間で抱えるその他の深刻な食い違いに対する取引のためのものではない」としており、米中問題でも気候変動を突破口にしようとする狙いがみてとれる。

この一連の動きが最初に結実したのが、アースデイ（地球の日）の4月22日だった。バイデン大統領はこの日、「気候サミット」をオンラインで開催し、世界の40の国・地域の首脳を束ね上げた。日本の菅首相、インドのモディ首相など、同盟国からはもちろんのこと、ロシアのプーチン大統領や中国の習近平国家主席までもが名前を連ねた。

「平均気温の上昇を１・５℃に抑えるためには、すべての国、特に主要経済国が、世界のCO_2排出量を下げていくためにもっと努力しなければなりません」。この会議の冒頭で、バイデンはパリ協定後の「１・５℃」を念頭に協力を呼びかけ、２０３０年までに温室効果ガスの排出量を２００５年比で50～52％減らすと宣言した。これはバラク・オバマ政権時代の目標のほぼ倍に当たる。そして、この宣言を受けて、日本やカナダが新たな数値目標を掲げるにいたった。

　このように就任からわずか数カ月だけで、バイデン政権は気候対策を矢継ぎ早に打ち出し、米国は世界のリーダーへと返り咲きつつある。そして、この米国の「復活」が、世界の気候変動、エネルギーをめぐる議論を一気に加速させていることだけは間違いない。

　とはいえ、米国はどこまで本気なのだろうか。そもそも米国には、パリ協定さえも最初は主導的な立場を示しながら、政権交代で離脱したという〝前科〟がある。

　実は、先述のように今世界では「カーボンニュートラル宣言」が相次いでいるが、それ

主要宣言国の法制化状況

国名	目標年	ステータス
スウェーデン	2045年	法律に明記（2018年1月）
イギリス	2050年	法律に明記（2019年6月）
フランス	2050年	法律に明記（2019年11月）
デンマーク	2050年	法律に明記（2019年12月）
ドイツ	2045年	法律に明記（2019年12月）
日本	2050年	法律に明記（2021年5月）
EU	2050年	法律に明記（2021年6月）
アメリカ	2050年	政策文書に記載
イタリア	2050年	政策文書に記載

らの国がすべてこれを法律に組み込んでいるわけではない。スウェーデンや英国、フランスなど欧州勢は２０４５年や２０５０年のカーボンニュートラルを法制化し、出遅れていた日本までも２０２１年５月に法案を通している一方で、米国はまだ政策文書に記載するにとどまっている。

　これは、ひとえに議会構成によるものだ。つまり、いくらバイデン大統領が気候変動対策に力を入れようとも、議会の約半数を占める共和党の支持を取り付けるのが困難だということだ。その証拠に、バイデン政権がぶち上げた２兆ドルのインフラ計画も、合意を取り付けるため、すでに１兆ドル（約１１０兆円）に減額修正されて可決した。

米国は、エクソンやシェブロンといった国際石油資本の本拠地であり、これら石油メジャーと共和党の結びつきは強い。２００８年のリーマン・ショックから米国が立ち直ったのにも、従来とは異なる地盤から採掘される「シェールガス」が大きく寄与しており、民主党のオバマ政権時代を通じても、石油よりCO_2排出量が少ない天然ガスは米国の経済を支えてきた。

しかし、２０５０年のカーボンニュートラル、２０３０年の排出量半減というさらに野心的なビジョンを掲げた今は、その天然ガスからも脱却しなければならない。つまり、共和党の反対はもちろんのこと、民主党内でも支持基盤を固めなければ、アメリカの気候政策はいつ空転してもおかしくない危険性をはらんでいるということだ。そもそも４年後にまた政権交代が起きれば、再び世界の議論が振り出しに戻る可能性さえもある。

「バイデン政権の気候政策は、すべて経済成長にかかっている。米国の気候政策全体は、民主党内の左派に配慮した党内工作や人気取りの側面もあるが、バイデン大統領が唯一、一貫しているのは『脱炭素を経済につなげる』というビジョンである。世界のマネーを念頭に、気候変動対策を本当にイノベーションにつなげられれば、４年後も安泰だし、それができなかったときは再び苦境に陥ることになる」。米国との外交を担当する日本の政府関係者はこう指摘した。

欧州が付ける炭素の「お値段」

今、世界の温暖化対策で先頭を走るのは間違いなく欧州だ。

イギリス、フランス、ドイツ、イタリア、スペインといった主要経済国のほか、ＥＵ（欧州連合）がすべて２０５０年までのカーボンニュートラルを宣言（ドイツは２０４５年）している。しかも、スウェーデンやデンマークも含め、さらに野心的な目標を法律にまで組み込んだ国の数も多い。

特にアクセル全開なのが、ＥＵを脱退した英国である。以前は「イギリスのトランプ」と形容されることも多かったボリス・ジョンソン首相だが、少なくとも今の気候変動に対するスタンスは真逆であり、２０２１年4月には、２０３５年までに温室効果ガスの排出量を78％削減（１９９０年比）という野心的な目標を掲げた。目標を2倍に引き上げた米国が50～52％、20ポイント引き上げた日本でも46％であることを考えると、この目標の大きさがより際立つかもしれない。

パリ協定のホスト国であるフランス、２０２１年5月にカーボンニュートラルの達成年を前倒ししたドイツも含め、気候変動の議論はもちろん「ルール形成」も欧州が主導的に進めてきた。

「欧州は、地球上のどこよりも、『パリ後の世界』を構築しようとしている。さらには、世界のどこよりも、エネルギー変革の実現のために、政策を利用しようとしている」とダニエル・ヤーギンは指摘する。

その象徴的なリーダーが、ＥＵの欧州委員会のウルズラ・フォンデアライエン委員長である。

ドイツのアンゲラ・メルケル首相と同じ、ドイツキリスト教民主同盟（ＣＤＵ）所属で、２０１９年に欧州委員会に委員長として承認されたフォンデアライエンは就任早々に「欧州は世界で最初のクライメートニュートラル大陸になる」と宣言し、すぐさま「欧州グリーンディール」と呼ばれる政策を打ち出した。

これは単なる気候変動対策にとどまらない。様々な産業分野において、50の具体的な行動計画を盛り込んだその内容からは、あらゆる政策分野を気候や環境の観点から束ね上げ、次なる経済変革へとつなげる強い意志が見てとれる。

「私たちの目標は、経済と地球を調和させること、生産、消費の仕方を地球と調和させること、そして、それを人々のために機能させることです。このため、欧州のグリーンディールはもちろん温室効果ガス排出量の削減を目的としていながらも、もう一方では雇用の創出とイノベーションの促進を目的としています。私は、化石燃料と汚染に基づいた旧来型の成長モデルは時代遅れであり、我々の地球とは関わり得ないと確信しています。つまり、グリーンディールは、私たちの新しい成長戦略なのです。そして、これまでとは違ったものにしたい。私たちは、気候変動に配慮した産業、クリーンテクノロジー、グリーンファイナンスの分野でトップランナーになりたいと考えています」

　フォンデアライエンは２０１９年の時点で、こう述べている。現状、これを裏付ける法案は２０２０年3月に提出され、２０２１年6月に欧州議会で採択された。さらに、同7月には、２０３０年の温室効果ガス55％減（１９９０年比）を達成するための野心的な包括案を打ち出すなど、ギアを上げ続けている。

　このグリーンディールの根幹をなすのが「タクソノミー」（分類法などの意）だ。これは、経済活動をサステナビリティ（持続可能性）の観点から分類・体系化したもので、世界初の「グリーン・リスト」とも言われている。エネルギーや交通だけでなく、農業、建

タクソノミーが分類する「経済活動」の数

セクター	気候変動の「緩和」	気候変動の「適応」
農林	8	8
環境保護・修復	1	1
製造	16	16
エネルギー	25	25
下水、廃棄物処理など	12	12
輸送	17	17
建設・不動産	7	7
情報技術	2	3
科学技術	2	2
金融・保険	0	2
教育	0	1
健康・社会福祉	0	1
芸術・エンタメ	0	3

出所：European Commission “Draft delegated regulation Annex”、大和総研

築、製造業などの産業セクター、さらに67の産業を細かく評価し、約５００ページにわたるこのリストは、欧州が主導する「ルールメイキング」の象徴事例といえる。

なぜなら、これは「お金の流れ」を決定づけるからだ。世界の投資家がグリーンな投資へとシフトする中で、タクソノミーは、その対象が気候変動の「緩和」や「適応」といった目標に合致しているか、気候政策と整合しているかどうか、を見極める判断材料になっている。タクソノミーでは、例えば排出量の多い石炭はもちろんアウトで、同じ化石燃料のうち、比較的クリーンとされてきた天然ガス（温室効果ガスであるメタンを排出）はリスト入りをめぐって議論が交わされている。ちなみに原子力発電も、核廃棄物の観点と、CO_2は排出しないという環境面をめぐって検討中だ。

もう一つ、お金の流れを決める欧州の政策が「カーボン・プライシング」だ。文字通り「炭素の価格付け」を意味するこの政策は、CO_2の排出に価格を付けることで、企業や消費者の全体の排出量を抑えていこうとする試みだ。背景には、現時点で化石燃料が安く見えるのは、将来的に環境に対して与える「コスト」が反映されていないから、という考え方がある。米国のジャネット・イエレン財務長官が「実効性のあるカーボン・プライシングなしに気候変動危機を解決することはできない」と述べるなど、今、一番注目されて

排出量取引制度

企業に排出上限を設定して排出量を売買

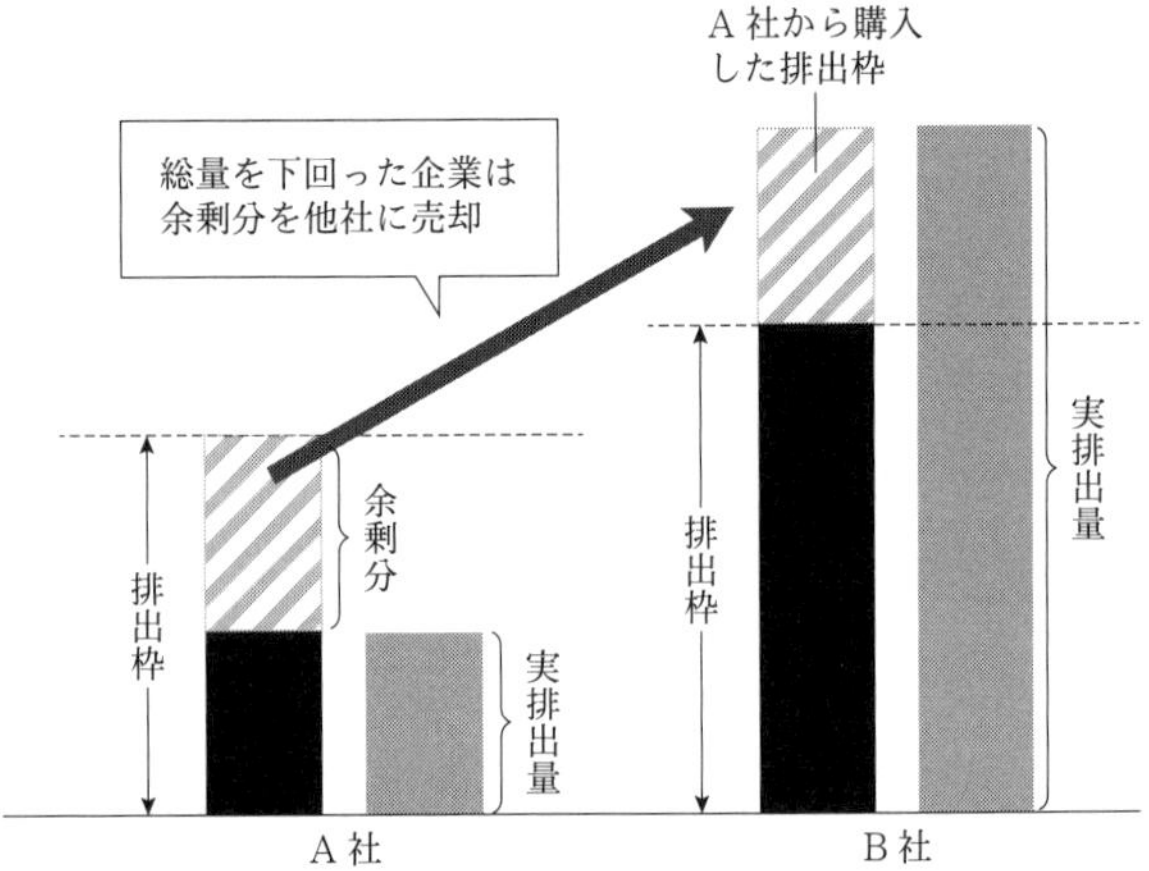

いる領域の一つだ。

例えば、ＩＥＡ（国際エネルギー機関）では、平均気温の上昇を2℃未満に抑えるためには、先進国の電力、産業、航空部門の炭素価格は、$CO_2$１トン当たり、２０２５年に63ドル、２０４０年には１４０ドルになると分析している。

カーボン・プライシングのうち、ＥＵが２００５年から導入しているのが、「排出量取引制度」という手法だ。これは、域内の企業などに排出削減義務を課した上で、自力で達成できる企業は排出枠として余剰分を市場で売り、自力で達成できない企業はそれを購入して不足分を穴埋めする仕組みだ。ＥＵ－ＥＴＳと

炭素税

CO_2の排出量に応じて企業などから税を徴収

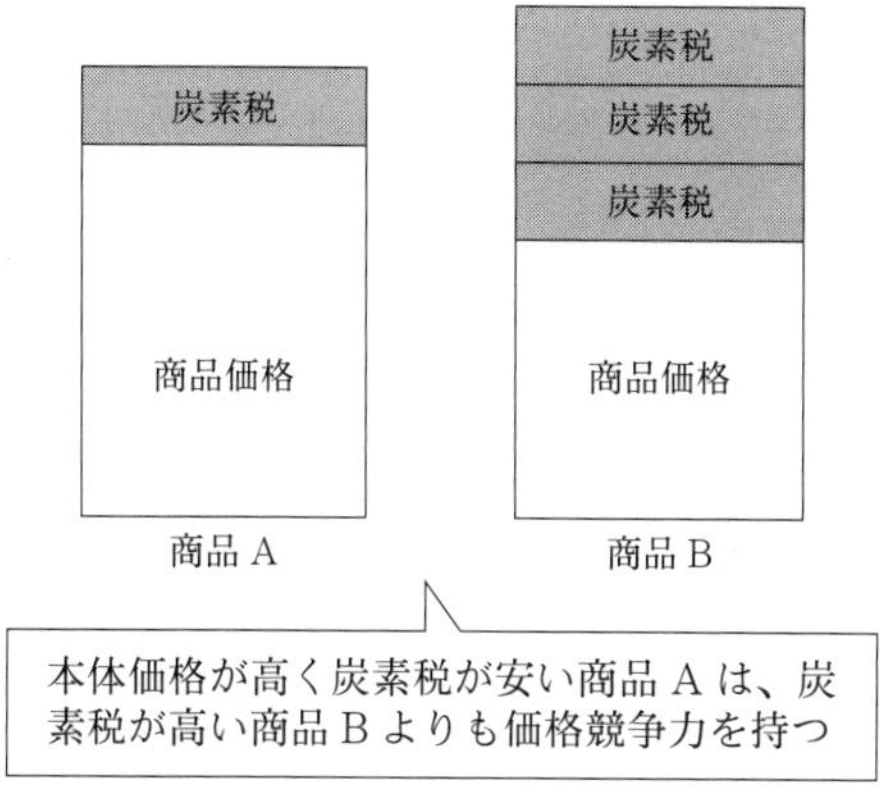

呼ばれるＥＵの仕組みは、現状フェーズ４という段階にあり、今後さらに対象のセクターが拡大され、削減義務も強化される見込みとなっている。この仕組みは、米国でもカリフォルニア州などが導入していることで知られる。

カーボン・プライシングのもう一つの軸が「炭素税」である。これは文字通り、CO_2の排出量に応じて企業などから税を徴収するもの。こちらはＥＵとしては実施していないものの、フィンランドやスウェーデンの北欧諸国が１９９０年代から実施しているほか、フランスやポルトガルにも広がっている。日本では２０１２年から地球温暖化対策税を導入しているが、さらに２０２０年、菅首相が

国境調整措置（国境炭素税）

環境政策が不十分な国や地域からの輸入に対し、CO_2 の排出量に応じて課税。一方、輸出の際は、排出枠の価格を還付する

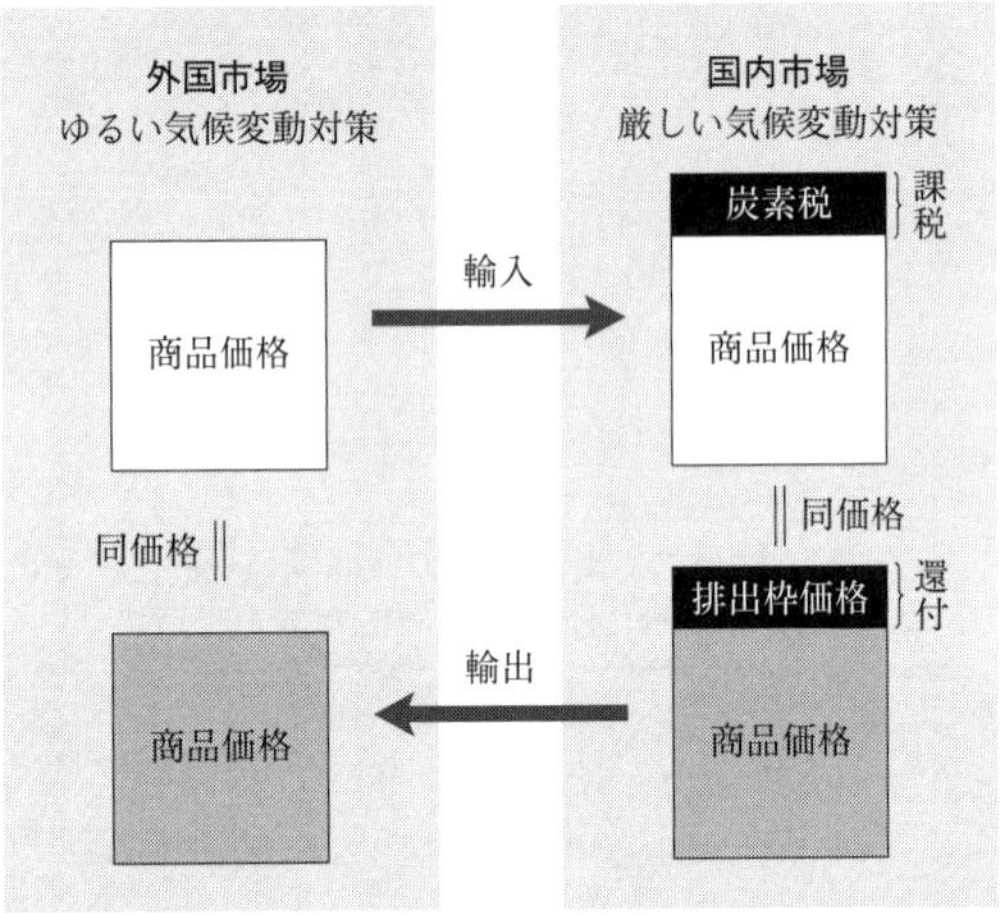

炭素税の導入検討を経産省と環境省に命じている。

さらに今、ＥＵがグリーンディールの一環として導入を計画しているのが、「国境炭素税」と呼ばれる仕組みだ。これは輸入品に対して、その製品が生産国で作られた際に出たCO_2の量に応じて課税するもので、温暖化対策が十分でない国に対し、対策を促す効果を狙うもの。ＥＵが２０２３年の試験運用を目指して、現在計画を詰めているほか、米国のバイデン政権も今年の目玉政策として準備を進めている。

国境炭素税は事実上の「関税」で

もある。つまり、トランプ前大統領が鉄鋼やアルミに輸入関税を課したのと同じ論法で、国内産業の保護に使えることから、バイデン政権にとっても合意が取り付けやすいとみられている。逆にいえば、中国やインドなど環境規制がゆるい国への企業移転の阻止など、気候変動とは関係ない政治議論へもつながりかねない。これはＥＵにしても同じだ。

このため、中国はこの動きに警戒感を強めており、習近平主席も２０２１年４月に気候サミット前の独仏首脳とのオンライン会談で「気候変動対策は共通の責務であり、地政学的な交渉の切り札になったり、他国への攻撃や貿易障壁のために使われたりするべきではない」と批判している。

世界最大の排出国、中国の闇と光

その中国にとっても、気候対策はもはや避けられないテーマとなっている。

「昨年、私は中国が２０３０年までの二酸化炭素排出量ピークアウト実現、２０６０年までのカーボンニュートラル実現を目指すと正式に宣言しました。これは中国が、人類運命共同体構築推進の責任感と持続可能な発展実現の内的要求に基づいて下した重大な戦略的

主要国の温室効果ガス排出量の推移

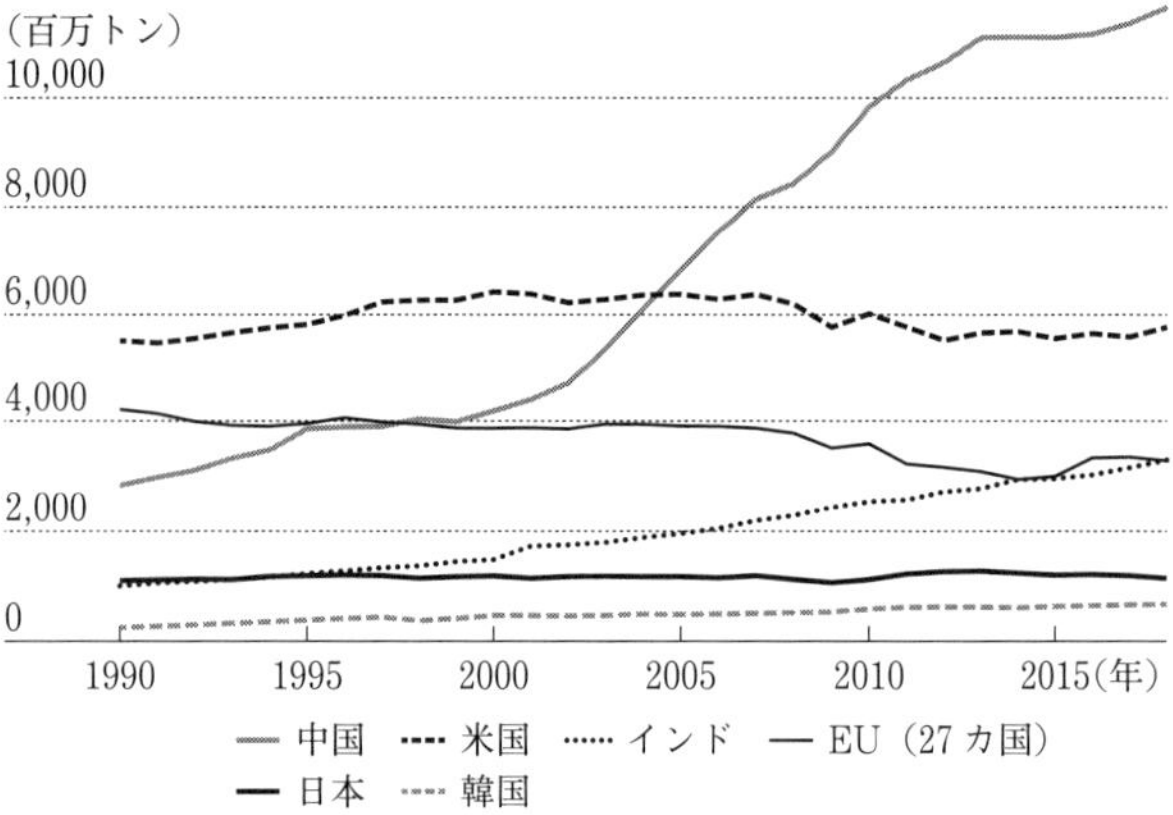

※CO_2換算のGHG排出量
出所：CAIT

政策決定です」

　先述のバイデン大統領による「気候サミット」では、習近平はこう述べている。2020年の9月にカーボンニュートラルを宣言して世界を驚かせたものの、その達成時期は2060年であり、多くの先進国と比べると、10年遅い。しかし、習は「中国が約束したピークアウトからカーボンニュートラル実現までの時間は先進国よりずっと短い」とその意義を強調している。

　気候対策において、中国は間違いなく最重要国だ。それは中国だけで、世界のCO_2排出量の約3割を占めていることからも明らかだ。2位のアメリカでさえ

中国の電源構成比（2018 年）

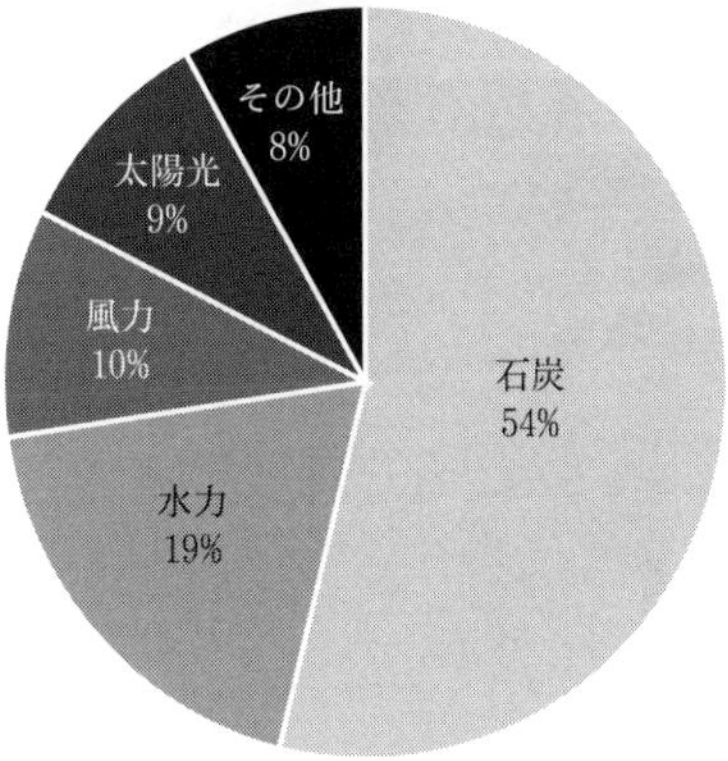

出所：IEA など

その半分、欧州全体でも12%に過ぎない。世界がどれだけ気候対策へシフトしようとも、中国を巻き込めなければほぼ意味をなさないと言っていいレベルだ。

今、世界の視線は、中国の石炭に向けられている。中国のエネルギー供給のうち、実に６割近くを石炭が占めているからだ。あらゆる発電形態で最もCO_2排出が大きい石炭火力は、近年世界中で撤退が進んでいるが、中国はむしろ続々と発電所の新設を進める。米シンクタンクによると、２０２０年だけで中国は３８４０万キロワット分の石炭火力を新設した。これは同じ年に世界で廃止された石炭火力の１７２０万キロワットの２倍を軽く超えている。

各国の風力発電導入量（2019年）

※2019年、陸上・洋上の両方含む
出所：英BP

今、中国の石炭火力の発電能力は、開発中の案件だけで２億４７００万キロワットに上り、容量のみでみるとドイツ一国を十分に賄《まかな》えるレベルになる。もちろん、この間に古い石炭火力は廃止したり、よりCO_2排出の少ない高効率なものにリプレース（建て替え）したりしているが、それでも桁違いなのは間違いない。

しかし、現状での石炭抑制の目標は「２０２１～25年に石炭消費の伸びを厳しく抑制し、２０２６～30年に徐々に減らす」というものにとどまっている。

だが、実は中国は一方で「再エネ先進国」という側面もある。

２０２０年には、前年の約3倍に当たる７１６７万キロワット分の風力発電所を新設しており、２０１９年に世界全体で建設された風力発電の総量（６０４０万キロワット）を上回る。太陽光発電も４８２０万キロワット分を新設しており、風力・太陽光の再エネを２０１９年の２倍新たに投入したことになる。

要は、経済が急成長を続けているので、石炭火力も再エネも両方が必要なのだ。実際、中国国家能源局によると、中国の発電における２０２０年末の再エネ比率は29・５％（設備容量では42・４％）と、日本の約17％（２０１８年度、資源エネルギー庁）を優に上回る。さらには、２０３０年までに太陽光・風力の発電能力を１２００ギガ（12億キロ）ワットまで拡大させる目標で、全体の半分近くを占めるという予測もある。

しかも、中国は再エネの発電機でも世界を席巻している。

世界の太陽光発電のメーカー別ランキング（２０１７年）では、１位のジンコソーラー（晶科能源）を筆頭に、トップ10のうち８社を中国メーカーが占める（68頁の表を参照）ほか、風力発電（２０１９年）でも、トップ２には食い込めていないものの、トップ10のうち５社を占めるほど急速に成長している。さらにいえば、CO_2フリーとして再注目を集める原発も、先進国で製造する能力が失われるなか、中国は安定的に建設し続ける数少ない国の一つである。

中国の現状はCO_2最大排出国であり、今後も世界から厳しい視線を向けられることは間違いない。だが、同時に、次世代エネルギーの根幹を握っているのも事実であり、何かきっかけがあれば一気にエネルギーシフトを進めかねない凄みを備えている。

日本が持つ「切り札」

「２０３０年度の削減目標について、２０１３年度からの46%削減を目指すこととし、さらに、50%の高みに向けて、挑戦を続けていくことといたしました」

２０２１年４月22日の「気候サミット」を前に、菅首相は記者団にこう語った。米国からさらなる削減目標の積み上げのプレッシャーを受ける中、日本は前年に表明した２０５０年までのカーボンニュートラルに加え、その中間地点における２０３０年の目標も新たにコミットしたことになる。

従来の２０３０年目標は26%であり、２０２０年の時点では40%を軸に検討されていたため、この新たな「46%」という目標達成には、エネルギー産業だけでなく、交通、製造業、農業までも巻き込んだ総力戦で取り組まなければ実現は難しいとみられている。

特に再エネは、２０３０年時点の従来目標だった電源構成比22〜24%を36〜38%まで引き上げる見込みだが、例えば太陽光発電は、２０１２年の再エネ特措法の後のバブルで、

日本の2030年度電源構成比目標

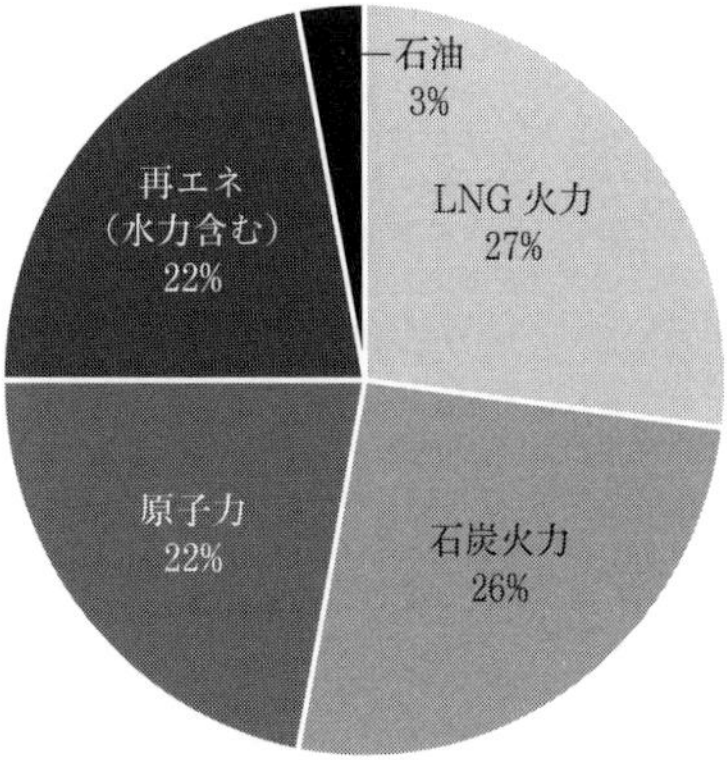

※原子力は20〜22%、再エネは22〜24%
出所：第5次エネルギー基本計画（2018年）

適地がほとんどカバーされており、今後の導入には、荒廃農地の活用や送電網の空き容量活用など、新たな規制改革がなければ、飛躍的な増加は望みにくい。風力発電では洋上風力が目玉政策に掲げられるが、こちらは海上での大規模な建設が必要とされるため、２０３０年時点での稼働は限定的とみられている。

そこでにわかに注目を集めるのが、原発である。

２０２１年は福島原発の事故から10年の節目だが、各地の原発で再稼働の動きが進む。特に、気候サミットの翌週である４月28日には、福井県の杉本達治知事が、関西電力美浜原発３号機と高浜原発１、２号機の再稼働に同意を表明した。この3基はいずれも運転開始から40年を超える原発であり、福島事故後にできた「原則40年、１回に限り最長で延長20年」という新規制基準において、初の運転延長となるものだ。杉本知事はこの前日に梶山弘志経産相と面談しており、「将来にわたって原子力を持続的に活用していく」との言質《げんち》を得ていた。

その後、関西電力の森本孝社長は「２０３０年の温室効果ガス削減、50年のカーボンニュートラルといった大きな社会の挑戦に、しっかりと活用していきたい。資源の乏しい日本にとって原子力の果たす役割は大きく、40年超のプラント（の活用）の意義も大きい」と説明している。エネルギー業界の幹部は「カーボンニュートラルから46％削減目標のプロセスで、政府が原発を最大限動かしていくのは間違いない」と証言する。

その間も、原発の建て替え（リプレース）推進を掲げる議員連盟が自民党で結成され、安倍晋三前首相が最高顧問についたり、自民党総合エネルギー戦略調査会（額賀福志郎会長）が、原発のリプレースを可能とするための提言を出すなど、原発周りが一時的に活気づいた。

福島事故の時点で54基あった原発は、２０２０年時点で36基まで減り、そのうち9基が再稼働している。現状は、２０３０年の電源構成のうち、原発は20～22％を占める目標となっており、そのためには「再稼働申請をした全27基の再稼働」が前提とされている。

EUの事例でも述べたように、原発の扱いをめぐっては世界の議論は揺れている。例えばドイツは、福島事故の後に原発撤退を決めたが、その際に石炭火力への依存が高まり、「温暖化の観点から見れば、ドイツの選択は間違いだった」との指摘まで出た。

しかし、福島ではまだ廃炉の時期、費用の見通しさえ全くみえておらず、原発で事故が起きた場合のリスクは疑いようがない。旧来型の原発を動かし続けるのであればなおさらだ。次世代原発の推進派として知られるビル・ゲイツは以下のように述べ、従来の原発活用には否定的な見方を示している。

「私が原子力に関わるようになったのは、気候のためです。もし、蓄電池のイノベーションに奇跡が起きたとすれば、原子力は必要なくなるはずです。しかし、現在の原子炉は非常に高価で、高圧であるため、安全システムは非常に複雑です。そのため、全く新しい世代の原子炉が必要になります」

気候変動を経済変革の機会として捉えるのであれば、仮に旧式の原発再稼働が短期的に必要だったとしても、数十年後を見据えた次なるイノベーションへつなげることが重要なはずだ。しかし、エネルギー基本計画では、老朽化した原発の建て替え、新設、増設は盛り込まれないことが決まった――。

第二章　グリーン・ジャイアント

秘密企業ネクステラ

「２０２０年は、ネクステラ（NextEra）にとって、凄まじい年でした」

米エクソン・モービルを時価総額で一時抜き去ってから3カ月後の２０２１年1月、決算会見の席に姿を現したネクステラのジェームズ・ロボＣＥＯは冒頭でこう語った。過去2年の再生可能エネルギーの破壊力が、自らの予想をも超えるレベルだったと打ち明けた上で、さらに再エネや電気自動車、水素を通じて、エネルギー業界の「再構築」が進んでいくと予言した。

「重要なことは、ネクステラほど、この圧倒的かつ長期的なトレンドへの準備が整っている企業はないということです。実際、ネクステラはすでに、クリーンな電力を提供しながら、低コストを両立し、経済的にも成功できることを証明してきました。クリーンで安価な『サステナブル・エネルギー時代』の構築の先頭を走っており、米国経済のあらゆる領域で起きている『破壊』の最前線に立ち続けていきます」

２０２０年、ネクステラが市場で一気に台頭すると、欧米メディアは「新たなグリー

ネクステラの発電容量の内訳

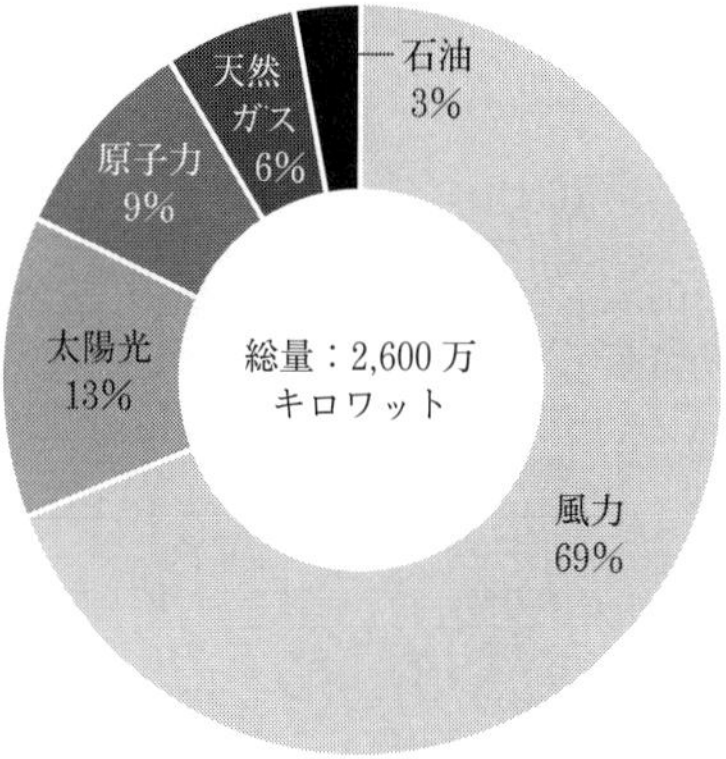

※ ネクステラの再エネ担当子会社（2021年3月）
出所：NextEra

ン・エネルギーの巨人が登場した」（米ウォール・ストリート・ジャーナル紙）「クリーンなスーパーメジャーを紹介しよう」（米ブルームバーグ）などとこぞって取り上げた。

確かに「グリーン・ジャイアント」の登場は、石油の凋落と、再エネの本命化という意味で大きな転換点であった。

だが、実はメディアや投資家の喧騒をよそに、ネクステラが表舞台に姿を現すことはほとんどない。そもそも、ロボＣＥＯがメディアの取材を受けないことで知られている。かろうじて言葉を発するのは上場企業のトップとして年に数回、決算会見のときだけなのだ。

興味深いのは、再エネが主流となりつつある今も、ネクステラが「秘密企業」のベールをかぶり続けていることである。「新たなエネルギー界の新星」と聞けば、流行《はや》りのシリコンバレーのスタートアップのように、「若い起業家が破壊的テクノロジーで華々しくデビュー」といったイメージを抱くかもしれないが、実はネクステラはその真逆だ。彼らの成功の道のりは、地道で泥臭く、時に汚い。それが「秘密企業」たる所以《ゆえん》かもしれない。

ネクステラの誕生は、ほぼ1世紀前にさかのぼる。１９２５年に地方電力の一つ、フロリダ・パワー&ライト（ＦＰＬ）として設立されたのが始まりだ。フロリダ州南部マイアミの顧客約7万６０００人に電気を供給するほか、ランドリーサービスやアイスクリームまで提供していたこともあった。日本の電力会社と同様の地域独占の権利を手にし、１９７２年には原発の建設まで手掛けるなど、何十年にもわたり、再エネとは縁のない経営を続けていたのだ。

その後、１９９６年に当時のクリントン政権が実施した規制改革が、転機になる。いわゆる「電力自由化」である。政府は、各州に地域独占を終えるよう求め、多くの州で電力会社同士による競争が始まった。そこからネクステラは、全米各地の発電所を買い漁るようになる。当初は、原発や石油などの発電所がターゲットだったが、１９９８年に大きな節目が訪れる。

　それが風力発電への進出だった。１９９２年にブッシュ政権で風力発電への助成が始まっていたが、２０００年代に入ると、各州が地元の電力会社に再生可能エネルギーの使用を義務付けるようになる。すでに風力発電へと進出していたネクステラは、規模の経済で他社より発電機を安く購入し、安定的な建設と運用を実現していく。以後10年間で、テキサス、カリフォルニア、中西部などで次々風力発電プロジェクトを立ち上げると、さらに２００６年には、太陽光発電所も手掛けるようになる。これも、太陽光発電への政府補助が生まれるタイミングを捉えたものだった。

　つまり、ありふれた地方電力会社の一つに過ぎなかったネクステラは、再エネをめぐり連邦や州政府の規制が変わるタイミングを的確に捉えることで、徐々に転身を図ってきたのである。現在、ネクステラは、米国の約20州とカナダの４州に再エネの発電所を持ち、合計２２００万キロワットの発電能力を備えている。これはギリシャ１国分を上回る。そして２００１年には、米国の電力会社で30位の時価総額に過ぎなかったのが、今やダントツの１位に位置している。

　同時に、ネクステラを語る上で重要なのは、「再エネ専業」ではない、ということだ。

特に化石燃料のうち、一番CO_2が少ないとされる天然ガスは未だにネクステラの主力だ。例えば、まだ独占供給が続くフロリダ州では、子会社を通じて原発や天然ガス発電から稼ぎ、その利益を再エネにつぎ込むことで、他にはないレベルの投資を実現したのである。

さらに、政府へのロビー活動にも積極的で、フロリダ州やメイン州では、他社の再エネ関連のプロジェクトを阻止する動きを見せることさえある。「ネクステラの戦略は、州や連邦政府のインセンティブを活用し、世間の目を避けることに大きく依存している」。米ブルームバーグは「アメリカで最もグリーンなエネルギー企業は、地球を救おうとはしていない」と題した記事でこう指摘した。

グリーン・ジャイアントの共通点

しかし、ネクステラの事例が示すのは、再エネで成長する企業は、どこか「賢く」ないといけないということかもしれない。各国政府や州政府の規制に大きく左右されるこの産業では、ベンチャー企業のようなサクセスストーリーは描きにくい。実は、各国から生まれた「グリーン・ジャイアント」を調べると、ネクステラほど狡猾に規制を活用した企業はないにしても、いくつかの共通点が浮かび上がる。

現在、世界最大の売上高をもつ電力会社は、イタリアのエネル（Enel）だ。半世紀以上前の１９６２年に誕生し、国営の電力会社となったが、その後民営化されている。この経緯も、州独占の地方電力として生まれたネクステラと似ている。

実は、エネルは再生可能エネルギーに取り組むのが早かったわけではない。２００８年に再エネ部門であるエネル・グリーン・パワーを設立したものの、エネル本体の負債清算のため、一度は約３分の１を売却しているほどだ。にもかかわらず、エネルが建設していた原発プロジェクトが反対運動に遭うなど本業の停滞が続き、そこから大きなシフトが始まった。

２０１４年に再エネ部門のトップがＣＥＯに就くと、エネル・グリーン・パワーの一部を速やかに買い戻し、再エネのイノベーションを活用しながら、補助金のない地域にも進出し、発電プロジェクトに取り組むスピード感を一気に変えていった。今や、イタリア国内や欧州だけでなく、南米に北中米、アジアも含め、再エネの発電容量は４８６０万キロワットに上る。さらに２０３０年までにこれを３倍以上に増やす一方で、かつて主力だった石炭火力の廃止は２０３０年から３年前倒しにする方針を打ち出している（２０２０年

エネルの時価総額の推移

※エニはイタリアの石油大手

末時点)。

CEOのフランチェスコ・スタラーチェは、再エネに注力し始めた時を振り返り、「当時は神への冒瀆《ぼうとく》、もしくはとても馬鹿げた挑戦だと思われていた。しかし、我々は頑《かたく》なに取り組みを続け、最終的には我々の予測こそが現実になったのです」とインタビューで答えている。

再エネの導入量で、エネルに次いで世界2位を誇るのが、スペイン発のイベルドローラ（Iberdrola）だ。発電容量5500万キロワットのうち、再エネが約7割近い規模を占めている。そしてイベルドローラも起源をたどれば、約1世紀前まで遡れる老舗《しにせ》の電力会社だった。長らく水力や原発、化石燃料がメインだったが、こちらの再エネへの注力は早く、２００１年には世界進出を進め、再エネへの巨額投資を始めている。

イベルドローラが特徴的だったのは、再エネの国際展開に買収を活用したことだ。欧州、南米、豪州のほか米国でも電力会社の買収を続け、米国で3位の再エネ企業となっている。２００１年から20年にもわたって指揮を続けるホセ・イグナシオ・サンチェス・ガランＣＥＯは、当初、再エネへの注力という決断には懐疑的な声ばかりだったと回想しながら、今は「我々が20年戦ってきたことは、全員が正しい決断だったと認めている」と述べている。さらに、２０３０年には現在の3倍に近い再エネ容量まで拡大していくという。

ここまで見れば分かる通り、今世界を席巻している再エネ企業は、いずれも旧来のエネルギー企業だったのが、この20年のどこかのタイミングで再エネに賭けて「転身」したものだ。テクノロジー業界のように、ピカピカのベンチャーがいきなり登場したわけではない。しかし、再エネのコストがまだ高く、代替手段としか考えられていなかったころから、その可能性を見抜いていた。

「(再エネの巨人たちは) クリーンな発電所がまだ代替手段の一つに過ぎず、高価なものと考えられていた時代から、その建設や導入を優先させてきた。そして今、彼らは飛躍的な進歩を遂げつつある。安価なソーラーパネルや風力タービンが新規発電所の主流になりつつあり、電力網における天然ガス火力発電の成長を脅かし、エネルギー市場を揺るがしているのだ」

米ブルームバーグのブライアン・エックハウス記者は、「グリーン・ジャイアント」たちの台頭について、５年前でさえまだ不確実だとみなされていたことに触れた上で、「この大きな瞬間は、予想以上の早さで訪れた」と指摘した。そして、世界でカーボンニュートラル宣言が相次いだ２０２１年現在、このシフトのペースはさらに早まっている。

石油がピークを迎えた年

２０２１年５月18日、国際エネルギー機関（ＩＥＡ）が発表したロードマップは衝撃的だった。２０５０年までのカーボンニュートラルを念頭に、世界で初めてエネルギー変革を包括的に研究した行程表「Net Zero by 2050」では、エネルギー業界を始め、あらゆる産業界の形を根本的に変えかねないポイントが列挙されていた。

●新規の化石燃料供給プロジェクトへの投資を即時取りやめる
●CO_2削減対策のない石炭関連プラントへの投資決定を行わない
●２０３０年までに世界の自動車販売の60％を電気自動車にする
●２０３５年までにガソリン駆動の乗用車の新規販売を停止する
●２０４０年までに世界の電力部門におけるCO_2排出のネットゼロを達成する
●２０５０年までに発電の約90％を再生可能資源由来にする
●２０５０年には太陽光と風力を発電の70％にする
●総エネルギー供給で現状５分の４を占める化石燃料を、２０５０年に５分の１に縮小する

上記は、主なポイントを列挙しただけだが、これだけで一般庶民の生活にも大きな影響が及ぶのを避けられないことが分かるだろう。さらに、もし宣言各国がカーボンニュートラルを実現したとしても、２０５０年にはCO_2が２２０億トン分排出され、２１００年には世界の平均気温が50％の確率で２・１℃上昇するといい、ＩＥＡは「これ以上取り組みが遅れれば、２０５０年までのネットゼロ達成は困難になる」と指摘している。

この報告が衝撃的だったのは、もちろんその内容のインパクトもあるが、もう一つは発表主体がＩＥＡだったことである。というのも、ＩＥＡとは、１９７３年のオイルショックをきっかけに、ＯＰＥＣ（石油輸出国機構）に対抗するため、当時のヘンリー・キッシンジャー米国務長官の呼びかけで日本を含むＯＥＣＤ諸国（経済協力開発機構）によって創設されたものである。つまり、エネルギーといっても、かなり石油に軸足を置いた存在だったのである。

その石油界の権威ともいえるＩＥＡが、新規の化石燃料プロジェクトへの投資の即時停止を求めたのだから、世界中に衝撃が走るのも無理はない（逆に、ネットゼロが不可能に近いことを伝えたかったとする説もあるほど）。ここにも２０２０年までのカーボンニュートラル・ラッシュの影響が見て取れるが、とはいえ、そもそもこの5年で、世界の石油をめぐる議論はすでにかつてとは大きく変わっていたのも事実だ。

「10年以上前に『石油の終わり』、つまり石油供給のピーク（Peak Oil）がまもなく来ると予測する声があった。つまり、世界で原油不足がやってくると。しかし、今や議論は真逆になり、石油需要のピーク（Peak Oil Demand）が論点になっている。つまり、いつ石油の消費がピークを打ち、落ち始めていくのか、である」

ダニエル・ヤーギンは『The New Map』（未邦訳）の中で、こう指摘している。実は1859年に石油が世界で初めて採掘されるようになって以来、今にいたるまで、その需要は常に増加を続けている。日本と欧州ではすでにピークを過ぎているが、世界の総人口は途上国を中心に増え続けているわけで、石油の需要も中国・インドの二大大国が牽引する形で今も伸びているのである。

しかし、新型コロナウイルスの到来がすべてを変えた。人々は移動を控え、世界を飛び回ることもなくなった。これに伴い、石油の需要は、歴史上前例のないレベルで落ち込んだ。もし経済が戻っても、石油の需要は元には戻ってこないかもしれない――。こんなシナリオを予測し始める声は大きくなっている。

なかでも、石油メジャーの一つ、英BPが発表した予測（Energy Outlook 2020）は驚きだった。BPは2020年以降のエネルギー需要を、①カーボンニュートラル、②迅速な取り組み、③現行通りの取り組み、の3つのシナリオから分析したが、③の現状維持に戻ったとしても石油需要はピークを迎えると予測したのである。さらにBPのレポートに、ブルームバーグが分析を加えたところ、すでに2019年に石油需要のピークを迎えていた可能性さえある、というのである。

石油需要のピークがやってくるとの予測は徐々に増えていたとはいえ、ヤーギンが所属するＩＨＳマークイット社の予測でも２０３０年代中盤で、他の調査会社も同様の時期を予測する見方が多かった。そのほかでは、再エネ普及が進むノルウェーの調査会社ライスタッド・エナジーが唯一、２０２８年という予想を出している程度だった。ＯＰＥＣは長年石油需要のピークを認めていなかったが、直近で２０４０年との予測を出した。そんな中で、近年再エネに注力しているとはいえ、石油メジャーであるＢＰがさらに早いピークの到来を予測したことは象徴的だ。

実際、すでに発表された統計でも、２０２０年は大きな節目だったことが見え始めている。まず米国では２０１９年の時点で、歴史上初めて、再エネの消費量が石炭を超えた。さらに、一歩進む欧州では２０２０年の発電部門において、再エネ由来の発電量が化石燃料のそれを初めて超えた。このほか２０２１年は、再エネへの投資額が化石燃料を超える初の年になると米ゴールドマン・サックスが予測している。

太陽光が「10円」を切るまで

人類が活用する主要なエネルギー源は、歴史を通して変遷してきた。火という道具を手に入れた人間は長らく、木材をエネルギー源として使ってきたが、16世紀ごろから英国で石炭がその役目を担っていく。そして、１７０９年、英国の製鉄業者であったエイブラハム・ダービーが石炭から不純物を取り除いた「コークス」を作ることに成功する。より純粋な炭素を多く含むコークスは、木炭と置き換わり、製鉄業にイノベーションを起こした。さらに石炭は蒸気機関の燃料でもあり、ともに18世紀の「産業革命」のコア技術となっていく。

しかし、そこから石炭が世界のエネルギー源の過半を占めるまでになったのは、１世紀以上経った１９００年ごろのことだった。その間には１８５９年に米ペンシルバニア州のドレイク油田で初めて石油が採掘されている。そこからジョン・ロックフェラーが１８７０年にスタンダード・オイル（エクソンの前身）を設立し、全米の石油販売の9割を独占するようになると、欧州でもロイヤル・ダッチ・シェルなどの石油メジャーが生まれてくる。１８８３年にダイムラーがガソリンを燃料とする内燃機関の開発に成功、１９０３年にはライト兄弟がガソリンエンジンを用いた飛行機を発明し、自動車や飛行機が世界に登場し始めるが、石油が主要エネルギー源として、石炭を超えたのは１９６０年代であり、やはり１００年の歳月が必要だった。

その後も石炭の消費量自体は伸び続け、ピークを越えたのは、ようやく２０１３年のことだ。アメリカでシェールガスと呼ばれる天然ガスが採掘されるようになり、その環境性と経済性から、石炭を代替していった後になる。

そして今、世界のエネルギー源の中心に躍り出ようとしているのが、太陽光発電と風力発電だ。再生可能エネルギー自体は、水力や木材、バイオマスなども存在しているが、「現代の再エネ」などと括《くく》られるのが、この２つなのである。

しかし実は、この２つの新エネルギーも決して新しいわけではない。

まず、太陽光発電の起源は、１８３９年のアレクサンドル・エドモン・ベクレルによる「光起電力効果」の報告とされるが、そこから１９０５年、アルバート・アインシュタインの光量子仮説（１９２１年のノーベル物理学賞受賞）で理論の礎《いしずえ》ができると、ようやく１９５４年に世界のＩＴテクノロジーの源流としても知られる米国のベル研究所によって実証された。これが現在の太陽光発電の始祖である。

太陽光発電が産業化され始めたのは70年代だが、実は大きな役割を果たしたのが日本だった。１９７３年の第一次オイルショックを経て、エネルギーの国産化へと乗り出した日本は、原発への傾斜を進めると同時に、太陽光発電などを開発する「サンシャイン計画」に約４４００億円をつぎ込む。京セラ、三洋電機、シャープなどのメーカーが高効率化、低価格化を進め、１９９４年には住宅用太陽光発電への助成金も始まったことで、21世紀に入るまでは、日本は技術でも導入量でも世界のトップを走っていた。ビル・ゲイツは、この当時をさして「日本は、太陽光発電というイノベーションにおけるカタリスト（触媒）だった」と繰り返し発言している。

しかし、２０００年代に入ると、この構図は一気に塗り替わった。まずドイツが、２０００年に「再生可能エネルギー法（Erneuerbare-Energien-Gesetz）」を導入する。これは、まだ単価の高かった再エネを送配電会社が優先的に買い取ることを義務付け、その費用を電気利用者が薄く広く支払う「ＦＩＴ（固定価格買取制度）」とよばれる促進策の先駆けであり、その後、世界中がこの仕組みを取り入れていくことになる。ドイツの家庭向け電気代はＥＵ内で最も高くなったものの、一気に太陽光や風力の導入が進むようになる。

これにより、ドイツに巨大な市場が生まれることになった。１９９９年、国内太陽光パネルメーカー「Q-Cells」が登場し、旺盛な需要を背景に一気に生産能力を増やしていくと、２００７年には日本メーカーを抜き、世界トップの太陽光パネルメーカーとなった

太陽光パネルメーカーランキング（2017年）

1位	晶科能源（Jinko）	中国
2位	天合光能（Trina）	中国
3位	晶澳太阳能（JA）	中国
4位	阿特斯（Canadian）	中国
5位	ハンファQセルズ	韓国
6位	GCLシステム	中国
7位	LERRIソーラー	中国
8位	英利緑色能源（Yingli）	中国
9位	First Solar	米国
10位	東方日昇（Risen Energy）	中国

出所：Statsita

（のちに韓国ハンファに買収される）。だが、ちょうどそのころ、ドイツ以外にスペインやイタリアにも生まれ始めた欧州の巨大市場をめがけて、一つの国が動き出していた。

それが中国である。中国では、２０００年代の後半から、地方政府や中央政府による巨大な補助金を背景に、各地で太陽光パネルのメーカーが生まれ、２０１０年までに、１２３ものメーカーが乱立することになった。すでに太陽光発電の技術は確立し始めており、主要原料のシリコンを調達して、欧州メーカーの製造装置を用いれば、比較的容易に太陽光パネルを作れるようになっていた。２０１８年までには中国の生産能力は５倍に伸び、今や世界のパネルの

7割を生産しているという。さらには市場としても、２０１３年に中国はドイツを抜いて世界のトップに立った。

一方で、このころから、太陽光産業における日本のプレゼンスは見る影もなくなった。原因の一つは、２００５年に国内の太陽光助成が一旦終了し、国内市場が一気に冷え込んだこと。もう一つは中国の赤字・倒産覚悟の物量作戦にどのメーカーも対抗できなかったことだ。福島原発事故の翌年の２０１2年には「再エネ特措法」が始まり、一気にバブルに沸き立ったが、日本を席巻したのは中国メーカーのパネルだった。

いずれにせよ、中国の圧倒的な製造攻勢で、太陽光発電の単価は凄まじい勢いで下がった。国際再生可能エネルギー機関（ＩＲＥＮＡ）によると、２０１０年からの10年間で発電コストは一気に82%落ちた。２０１９年の平均価格は1キロワット時当たり、０・０６８米ドル（約7・5円）で、日照条件にめぐまれたＵＡＥ（アラブ首長国連邦）では2円を切っている。国の自然条件によって異なるが、すでに火力や原発より低いコストになっている国もある。２０２０年までに、世界では２０１０年の10倍に当たる7億キロワット以上が導入されている。

再エネのもう一つの柱、風力発電も似たような経過をたどっている。１９７０年代から

主要な再生可能エネルギーの発電コストの推移

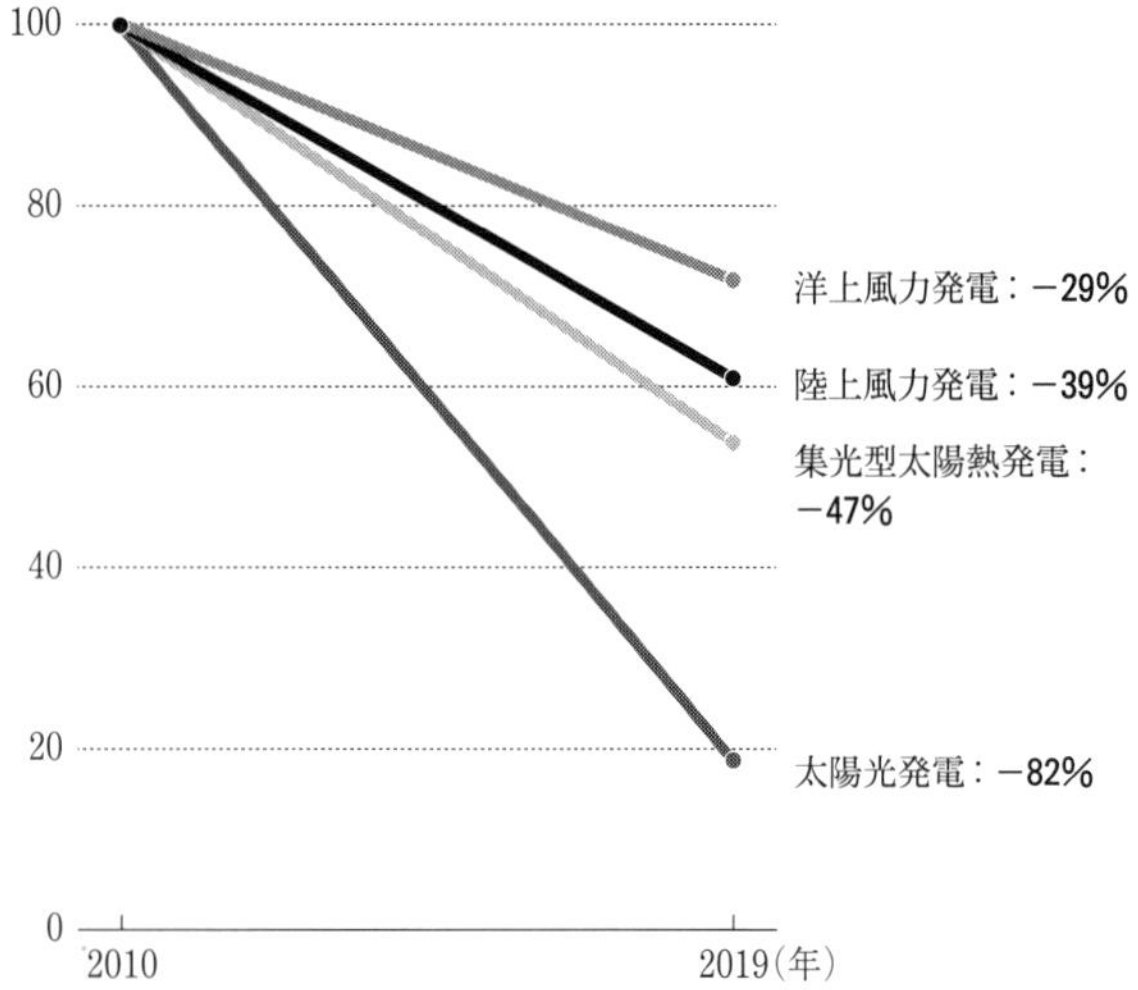

※2010年レベル＝100%
出所：IRENA（国際再生可能エネルギー機関）

産業化し始めた風力発電は、テクノロジーの進化、そして低価格化とともに、21世紀に入ってから一気に伸び始め、２０２０年時点の世界での発電能力は7・43億キロワットとなった。こちらも欧州メーカーがリードしていたところに、中国メーカーが一気に台頭している。

　こうしたイノベーションと規模の経済が合わさり、低価格化が進んだことが「グリーン・ジャイアント」の登場の土台となった。２０２４年には再エネによる発電が、石炭、そして石油・ガスを抜

世界の再生可能エネルギー導入量の推移

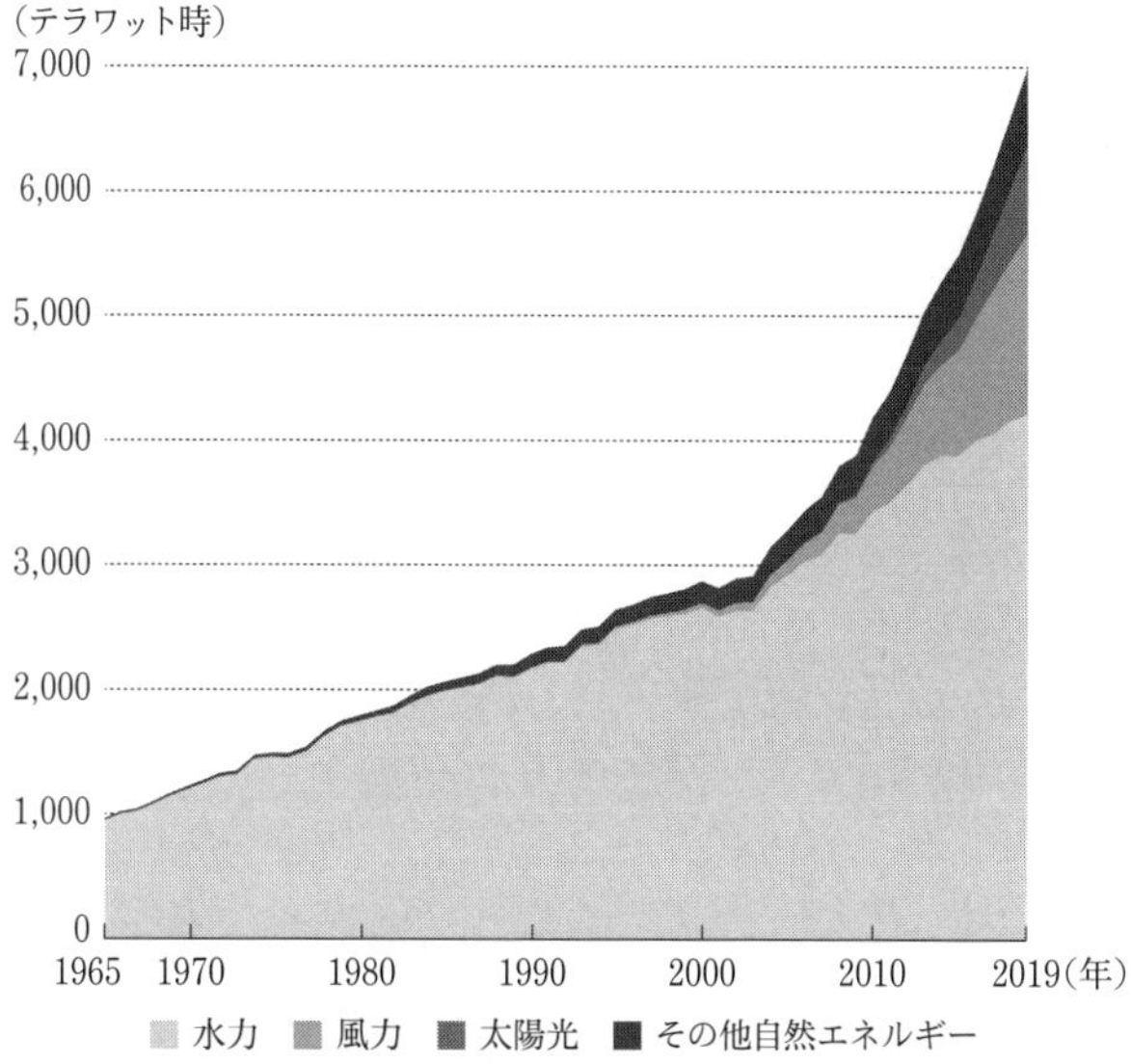

出所：BP Statistical Review of World Energy

く見通しとなっている。

ちなみに、太陽光、風力の導入量が飛躍的に高まっている一方で、その弱点はまだ克服されていない。それは「間欠性（Intermittency）」と呼ばれている。日照時間や風況など、自然条件に左右される出力の不安定性があるため、米国の場合それぞれの設備利用率は太陽光24・5％、風力34・8％にとどまるとされている（米エネルギー省）。

これは電力の送配電にとっては、厄介な問題となる。電気の送配電網は供給と需要の量を常に合わせないといけないが、再エネが主力になると、必ずしも需要が上がるタイミングに、再エネの発電が豊富にあるとは限らないためだ。大きく余ることもあれば、一気に足りなくなることもある。送配電網は、火力や原子力がメインだった時代に比べ、大きく不安定になる。

現在、この出力変動に対応するためには、出力を素早く調整できるガス火力が必須とされている。今後の切り札は、再エネによる発電があまった時に電気を貯める「蓄電」だが、この分野は再エネの発電と比べると、イノベーションがまだ追いついていない。

世界を席巻する北欧企業

今、再生可能エネルギーのフロンティアは「海」にある。

1991年のことだった。北欧の小国デンマークのバルト海に浮かぶロラン島の沖に、11基の風車が立ち並んだ。これは、世界初となる「洋上風力発電」のプロジェクトだった。

そこから30年をかけて、洋上風力は、世界の再エネの「フロンティア」となっている。

人口わずか600万人弱のデンマークは、世界に広がるこのイノベーションを牽引してきた。1970年代のオイルショックをきっかけに、エネルギーの国産化をめざしたデンマークは、洋上風力発電を軸に新たなエネルギー源へとシフトしていったのだ。

ロラン島の洋上風力プロジェクト「Vindeby」は、浅瀬にコンクリートを敷いて、そこに陸上の風力タービンを建設する程度のものだったが、その後、技術的な改良を経て、徐々に設置場所を沖合へと広げていく。2002年にはデンマーク西方の北海で、海岸線から18キロメートル離れた場所に洋上風力発電所を建設し、一気に洋上への可能性を引き上げていく。

興味深いのは、これらの洋上風力プロジェクトを手掛けたのが、デンマークの石油会社だったということである。1972年にデンマークは、石油の中東依存度を下げ、北海における石油開発を進めるために「デンマーク石油ガス（Danish Oil & Natural Gas、通称DONG）」という会社を設立する。しかし、DONGは洋上風力プロジェクトが成功すると同時に再エネへの傾注を進めていき、2008年には「化石燃料から再生可能エネルギーへの転換」を宣言するようになる。この転換においては、洋上の油田開発で培《つちか》った海上プロジェクトの技術を、洋上風力の開発にも活用していった。そして2017年、DONGはついに石油・ガス事業の売却を決め、社名を19世紀のデンマークの電磁気学者の名前にちなんで「Ørsted（オーステッド）」に変更する。

「２００８年は明確な転換期でした。当時は化石燃料の比率が85%で、再エネが15%でしたが、この数字を逆転させる目標を立てました。さらに２０２５年には20年近い前倒しで再エネ比率がほぼ１００％になります。このシフトの背景には、政府や投資家からの影響もありましたが、大きなマインドセットの変化がありました。石油ビジネスの未来を考えると、ビジネスとしても合理的な判断であり、今や完全に再エネに注力しています」と、オーステッドでアジア地域を統括するマティアス・バウゼンバインは打ち明ける。ここで重要なのは、オーステッドはまだ石油や天然ガスで稼げているうちに、すでに未来を見越して再エネへと舵を切っているということである。

オーステッドが沖合いへと進んでいくに従い、欧州全域で洋上風力が広がっていく。特に積極的だったのが、英国である。２０００年を皮切りに、わずか数年で１１０万キロワット分のプロジェクトを手掛けると、一気に世界トップの洋上風力発電国家へと躍り出る。これと同時にコストも下がり続け、北海には、風車が数十本〜２００本単位で立ち並ぶプロジェクトが50件近く動いている。今や世界の洋上風力の導入量は、欧州を中心に３４００万キロワットにまで伸びた。

世界の洋上風力の導入量の推移

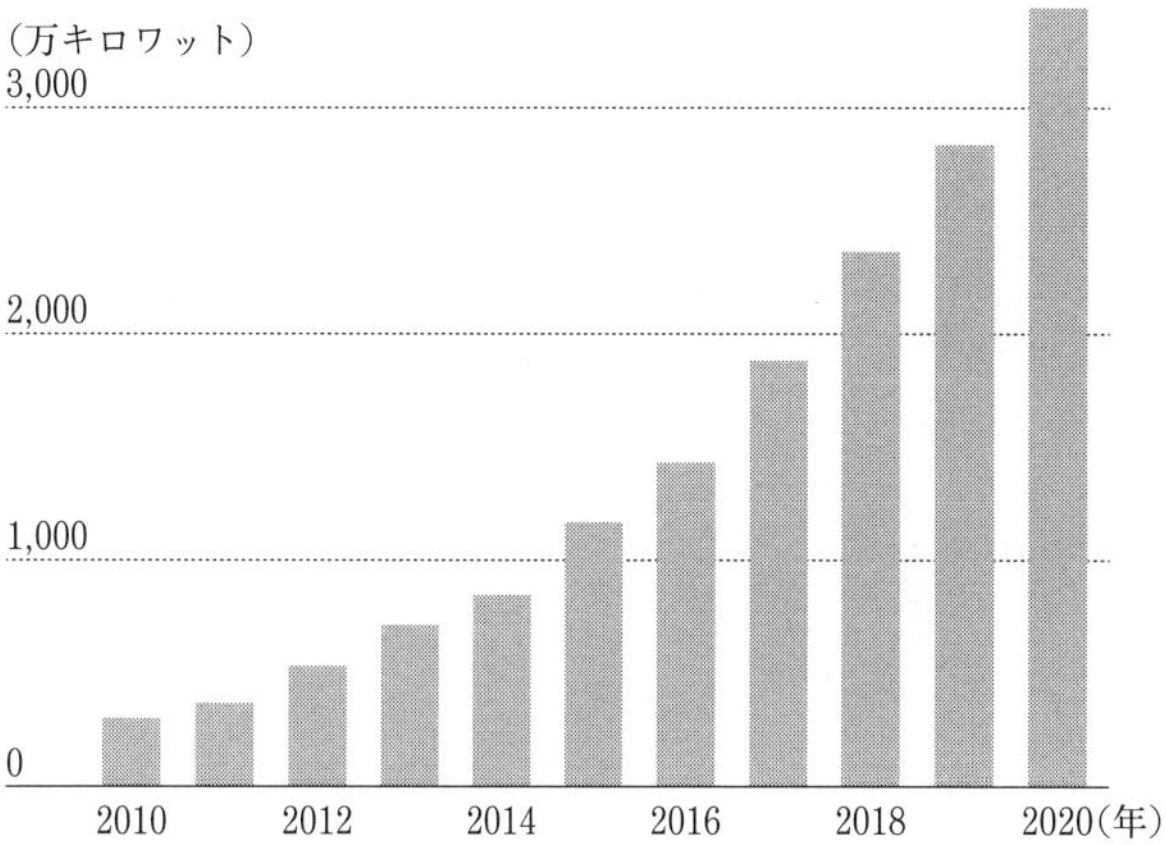

出所：IRENA（国際再生可能エネルギー機関）

オーステッドは現在にいたるまで、世界トップの洋上風力事業者であり続けている。さらにデンマークには洋上向け風力タービンメーカーのヴェスタスもあり、独シーメンス系メーカーとトップ2を分け合っている（シーメンス系の工場もデンマークに存在している）。つまり、デンマークは石油企業を再エネに完全シフトさせることで、これまで世界に存在しなかった市場を作り上げるだけでなく、さらに国を支える産業へと育成したのだ。

今やオーステッドは、時価総額でオイルメジャー英BPと競り合う「グリーン・ジャイアント」の一つになった。約7兆円に上る時価総額は、日本の電力10社を足した

洋上風力のコストは激減（2018 年）

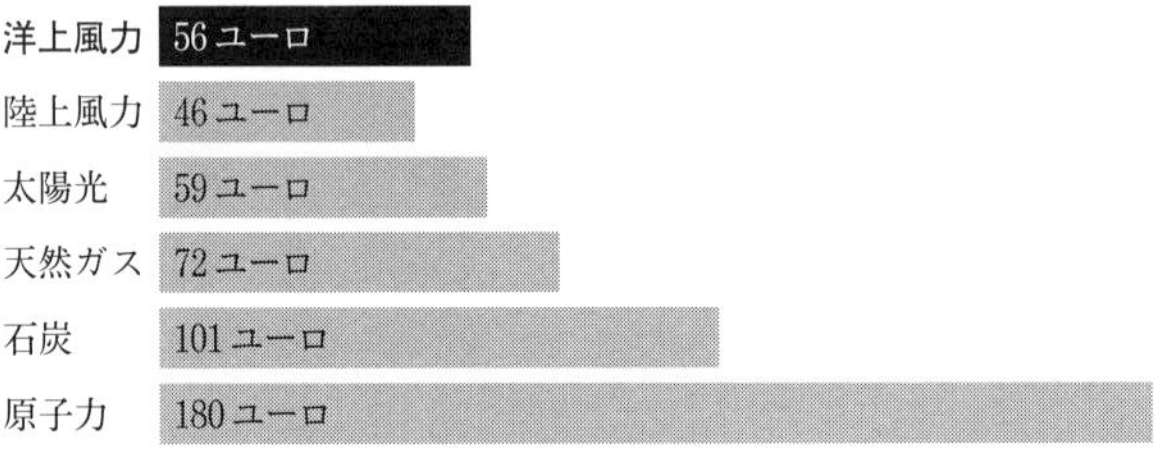

※１メガワット当たりの均等化発電原価（オーステッドによる試算）
出所：Ørsted

額を大きく上回るほどだ。さらには２０２５年までの「カーボンニュートラル」を宣言しており、２０２３年までに石炭火力を全廃させることも明言している。オーステッドの試算によると、洋上風力の発電コストは、今や石炭・ガスの火力、そして原発よりも優れているという。

「１９９１年に最初の洋上風力を建設してからの進化はゆっくりでしたが、２０００年代に入ると、規模の大きい洋上風力プロジェクトを手掛け始め、２０１０〜２０１２年にかけて、テクノロジーの産業化と成熟化が進み、コストが一気に低下しました。ここ数年は、コスト面での競争力が非常に高くなり、主流となって、石炭や原子力に代わる技術として貢献できるようになりました。これは長い旅の一つの到達点なのです」とバウゼンバインは語る。

　今、世界の再エネが洋上へと向かっているのには、いくつかの理由がある。洋上では、陸上と比べて風況が強さ、安定度の両方の面でよく、さらに景観の面でも、より高く巨大な風車を建設できるからだ。筆者は２０１２年に初めてバルト海の洋上風力のプロジェクトを見に行ったが、大波が渦巻く沖合に１００メートル以上の巨大な構造物が立ち並ぶ風景に、ＳＦの世界のような異様な感覚を覚えたのを鮮明に記憶している。

現在、最先端のプロジェクトにおける洋上風車の高さは２５０〜３００メートル、発電能力は1万〜１・2万キロワットに達している。これが50〜１００基立ち並ぶことで、火力発電や原発と同等レベルの数十万キロワットの発電能力が実現される形になる。そして、オーステッドが切り開く洋上風力のフロンティアは今、欧州を越え、米国、台湾、そして日本へと広がりつつある。

日本に突如生まれた巨大市場

２０２０年12月、日本政府が掲げた数字に、エネルギー業界で衝撃が走った。

10月のカーボンニュートラル宣言を受け、「グリーン成長戦略」の策定を担っていた官民協議会が、洋上風力発電の規模を２０３０年までに１０００万、２０４０年までに３０

００万～４５００万キロワットまで引き上げるという目標を発表したのだ。原発１基を１００万キロワットとして換算すると、発電能力だけでみれば最大で45基分になる。これまで日本がほとんど洋上風力に手をつけていなかったことを考えると、とてつもなく野心的な目標だということがわかるだろう。

オーステッドも２０１９年に日本に拠点を設置しており、バウゼンバインは「日本のダイナミックな目標をサポートできるように完全にコミットするつもりです。我々の経験は、日本の成功体験を作るのに確実に貢献できるはず」と、日本を次なる国際展開の核に位置づける。

これまで、日本は洋上風力の導入に消極的だった。その理由として挙げられていたのは「遠浅の海が少ない」「風況が欧州ほどよくない」ということだったが、そもそも福島原発事故後の日本政府の主な関心は、原発再稼働やＬＮＧ（液化天然ガス）の輸入、高効率な石炭火力発電所の新設であり、再エネ自体への関心が薄かった。唯一、民主党政権下の２０１２年に、「再エネ特措法」で太陽光発電だけは強力な促進策を打ちだしたが、高い買取価格がバブルを引き起こしたことの反動もあって、再エネの優先順位は低いままだった。

その後、政府は２０１８年になって、再エネを「主力電源化」する方針を決定し、洋上

風力発電メーカーランキング（2020年）

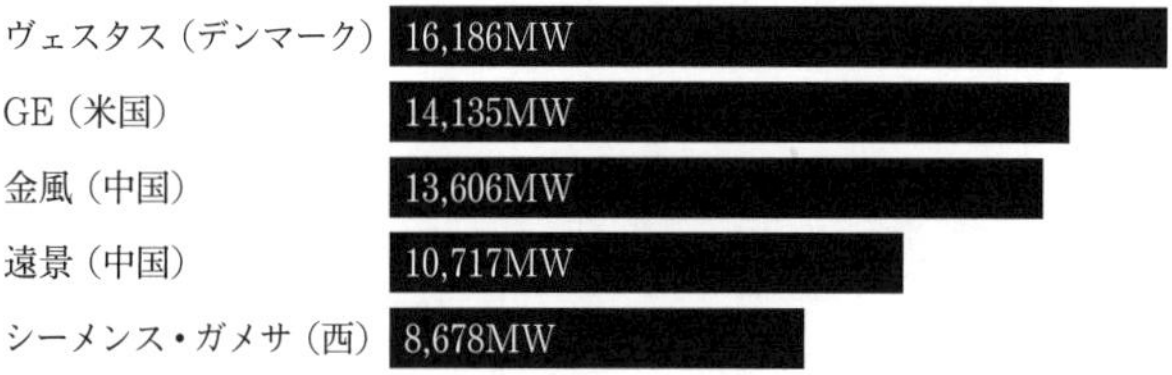

※風力タービンのサプライヤー順位
出所：GWEC（世界風力会議）

風力を活用する法整備は２０１９年にようやく始まった。

　しかしそれにもかかわらず、２０１９年には日立製作所が風力発電事業から撤退。さらに洋上風力世界2位のメーカー、ヴェスタス（デンマーク）と合弁会社を設立していた三菱重工業も、２０２０年にその提携を解消している。三菱重工はそのかわり、アジアでのヴェスタスの風車販売に特化することになったが、これはつまり、日本で洋上風力のコア技術を持つ企業は名実ともになくなった、ということを意味する。

　先述の壮大な洋上風力構想は、そんなタイミングでようやく検討されたのだった。経済産業省は２０２０年７月に洋上風力の官民協議会を立ち上げ、半年も経たないうちに野心的な目標までたどり着いている。そのスピード感からは、洋上に賭ける政府の意気込みが見てとれるが、欧州での産業化の流れから見ると、10年以上遅れているのも事実である。

洋上に先鞭をつけた唯一の企業

しかし、日本でも洋上風力の時代が確実に来ることを見越して動いていた企業もある。それが、再エネベンチャーのレノバだ。２０００年に環境・エネルギー分野のコンサル企業として創業したレノバは、２０１２年の「再エネ特措法」を契機に再エネ発電事業に本格参入し、太陽光や風力、バイオマスでの発電所設置の実績を着実に積み上げていった。今や脱炭素の期待も相まって、時価総額は地方電力を超える約４０００億円に上っている。

そんなレノバが洋上風力を検討し始めたのは、２０１５年にさかのぼる。この年、秋田県でバイオマス発電事業に出資し、地元との関係を深めるなかで、由利本荘《ゆりほんじょう》市沖の洋上風力のポテンシャルを活かすためにいち早く動いたのだ。２０１７年には、このエリアに56万キロワット分の洋上風力を建設するべく、ＪＲ東日本系の企業らと3社で地元への協力要請を提出している。

当時は、洋上風力はＦＩＴ（再エネの固定価格買取制度）の対象にこそなっていたが、政府の長期ビジョンもなかったため、前例のない大規模な工事が必要とされる洋上風力の案件はリスクだらけだと思われていた。「まだ上場する前で、売上高も数十億円程度のベンチャーが、事業規模が1000億円単位に上る洋上風力に挑戦していく意思決定は、社内でも議論を呼びましたし、逆に言えばそれだけ洋上の時代を確信していたということです」と当時の幹部は振り返る。

2018年3月、レノバの木南陽介社長は筆者の取材に対し、洋上風力発電への参入の理由について、「風が吹くエリアが限られている日本で、発電量を増やすには陸上だけでなく、洋上を活用しないといけない」と語った上で、前例のない挑戦についてこう話していた。

「確かに日本では初めてですが、風車自体は世界から調達をすれば作れてしまう。北海ではもう3000本くらい建っているように、すでに存在しているものですから。むしろ施工するのが大変で、水深10～30メートルくらいのところに、高さ200メートル近い巨大構造物をいくつも建てるという大規模工事は、大型の海洋土木工事と考えてもらった方がいいです。ただ、それでもやはり世の中で初めてではない。そこが重要なんです。欧州では3000もすでに建てられていて、そのノウハウはあるわけですから」

それから3年が経ち、ようやく国が洋上風力に本腰を入れ始めた。これは、政府による

レノバと東京電力の時価総額の推移

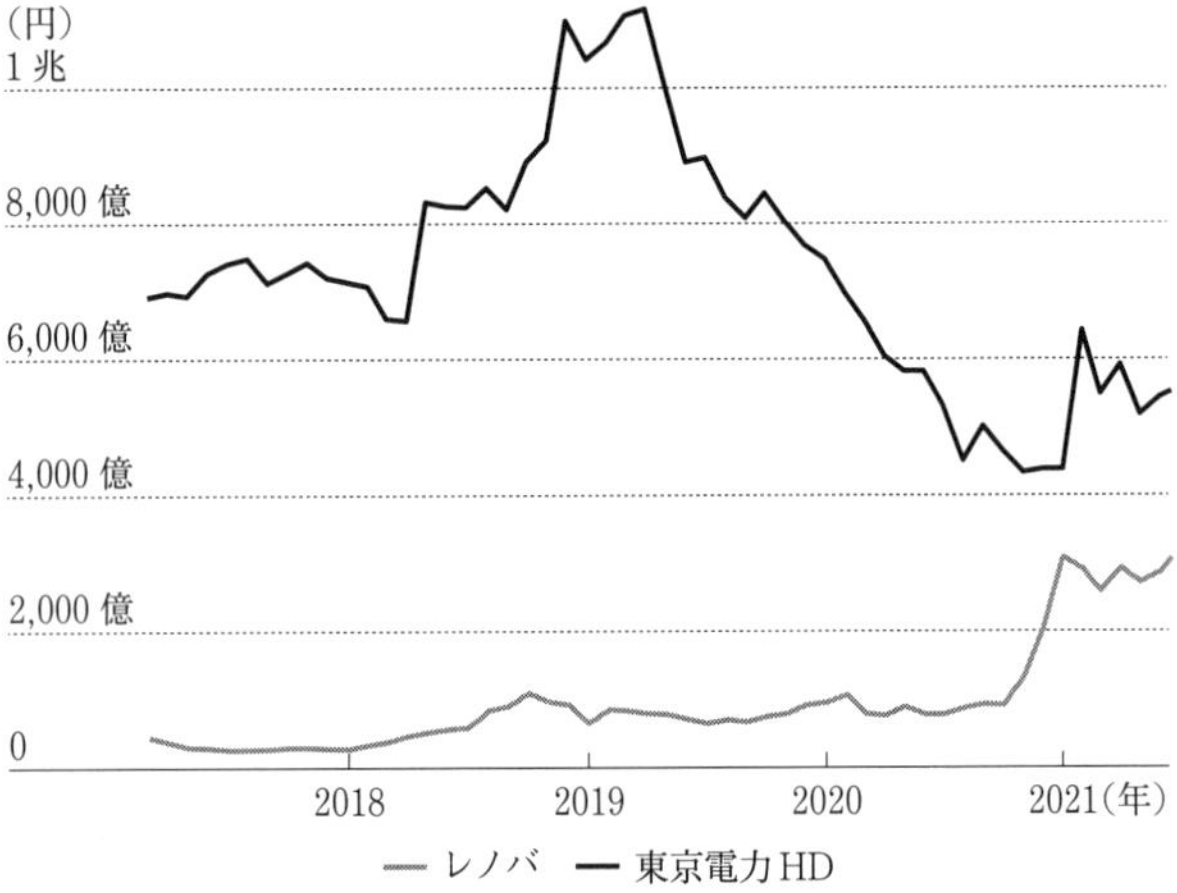

長期ビジョンの策定という意味では、レノバにとって大きな追い風といえるが、一方で、政府のコミットメント強化による逆風もある。政府が洋上風力の「促進区域」を設定することで、その区域を30年間占用する発電事業者を公募する仕組みを取ったためだ。つまり、実際の事業開始には、政府の入札を勝ち抜かなければいけなくなったのだ。

今や、レノバが取り組む由利本荘沖の2区域を含め、促進区域に設定された4区域は、電力会社や商社、大手ゼネコン、さらにはオーステッドのような外資までも入り乱れて名乗りを上げる混戦状態となった。例えば由利本荘沖だけでも、①レノバ、東北電力など4社、②中部電力、三菱商事系ら3社、③九州電力、独ＲＷＥ系連合、④オーステッド、日本風力開発ら3社、⑤ＪＥＲＡ（ジェラ。東電・中部電の火力統合会社）、ノルウェーのエクイノールら3社など、これでもかとばかり大手企業が公募に参加している。他の2区域でも、また違う組み合わせで参入企業が入り乱れており、外資系メーカー幹部が「ここまで日本のエネルギー会社が本気で勝負しているのは見たことがない」というレベルだ。

公募は２０２１年5月27日に締め切られ、年末までには応札企業が選定される見通しだ。これはカーボンニュートラルを宣言した日本にとっても大きな試金石となるのは間違いない。

「我々は太陽光でもバイオマスでも、発電効率の高いプラントを作り、コストを下げる方法に習熟してきました。洋上風力も同じで、5年間の取り組みで積み上げてきたノウハウがあるので、これを成果につなげたい。洋上風力は情報公開を大事に、これを第2、第3段階での開発につなげて習熟させることで、コスト面でブレークスルーを起こしていく。そこが我々の貢献できるところです。さらに、単純なコスト削減だけでなく、グリーン産業を作ることも大事で、事業者としてサプライチェーン作りもやっていきたい」

レノバの木南社長は、公募締め切り直前の取材でこう意気込みを語っている。

日本から巨人は生まれるか

「我々ほど洋上風力に突っ込んでいる日本企業はほかにいないはずです」

レノバが２０１５年から秋田県での洋上風力の調査に乗り出していたのに対し、実はすでに海外で洋上風力の事業開発に、それも複数参画している日本企業がある。

それがＪＥＲＡだ。ＪＥＲＡは、福島事故後の国による東京電力再編で、東電と中部電力の火力・燃料部門を統合する形で設立された会社だ。そもそもは、２０１０年代の世界的な燃料高騰を受けて、ＬＮＧにおいて世界最大のバイイングパワーを手に入れるために経産省と東電、中電の改革派らが動いたもので、まず燃料部門が統合し、その後２０１９年に火力事業の統合を完了させている。

しかしＪＥＲＡは、日本のCO_2排出量の４割を占めている火力発電の半分を担っている企業だ。なぜ、そんな火力の本丸が、洋上風力へと名乗りを上げているのか。

「まずグローバルで活動していく中で、脱炭素は、すでにエネルギービジネスの『入場券』になっていることは分かっていました。だからこそ我々は、グローバルでの脱炭素のリーダーを目指さないといけない」

ＪＥＲＡの奥田久栄《ひさひで》副社長はこう打ち明ける。実はＪＥＲＡは、菅首相によるカーボンニュートラル宣言に先立つこと２週間ほどの２０２０年10月13日の時点で、火力会社ながらに「２０５０年までのカーボンニュートラル」をいち早く打ち出していた。「日本だけで活動していると見えてきませんが、グローバルに活動していると、もう完全に脱炭素の競争に入っているというのを強く実感していました。だからこそ、日本の電力の３分の１を作っている我々が動かないと、日本の脱炭素が進まないという危機感がありました」と奥田は話す。

そして、そのＪＥＲＡの最注力分野の一つが洋上風力なのである。ＪＥＲＡはすでに、日本に先行して開発を進める台湾の洋上風力プロジェクト３件に参画している。

まず２０１８年に、先述のフォルモサ１（22基、12・８万キロワット）で、オーステッドの35％に次ぐ、32・５％の出資比率を確保しており、２０１９年12月から稼働させている。ほかにも２０２１年稼働予定のフォルモサ２（47基、37・６万キロワット）、さらには２０２０年代後半建設開始予定で、世界有数規模のフォルモサ3（約200万キロワット）の最大出資者になるほどの力の入れようだ。同じ「フォルモサ」だが、実はそれぞれ事業主体が異なり、この3つの案件を通して「洋上風力の調査開発から、建設、実際の運営まで異なる段階のノウハウを手に入れられる」（奥田）のだという。

JERAが台湾での案件を手掛けるのは、もちろんその視線の先に日本の巨大市場が見えているからだ。先述の秋田県沖での公募では、電源開発（Jパワー）、ノルウェーのエクイノールとコンソーシアムを組み、3区域の応札に名乗りを上げている。奥田は「JERAの経営資源を考えると、洋上風力に集中投入していくべきです。同じ再エネでも、分散型の太陽光はハウスメーカーなども担っていく一方で、洋上風力のように巨大なインフラを開発するノウハウでは、まだまだ電力会社の出番があります」と話している。

確かに、この章で見てきた「グリーン・ジャイアント」たちは、そのいずれも従来の電力会社や石油・ガス企業が、徐々に再エネ企業へと転身してきたものだった。その意味では、欧州から10年以上遅れを取ったとはいえ、JERAは彼らと近い道のりを辿っているのかもしれない。

第三章　気候変動とマネー

商社vs.グレタさん

「No Coal for Our Future（私たちの未来に石炭はいらない）」

２０２１年1月5日、日本とベトナム、韓国の若者らが、三菱商事などが手掛けるベトナムの石炭火力発電所「ブンアン2」の建設をめぐり、三菱商事のほか、融資する金融機関らに抗議を示す動画を上げ、別の日本の大学生らも公開質問状を提出した。日本でも話題になったのは、環境活動家のグレタ・トゥンベリさんも賛同するメッセージを寄せたからだ。

グレタさんといえば、２０１７年にスウェーデンで「気候変動問題のための学校ストライキ」を開始し、２０１８年、２０１９年の気候サミットでは「私たち若者を失望させる選択をすれば、決して許さない」と具体的な解決策に取り組まない大人たちを強く批判したことで、一躍世界で注目されることになった。飛行機に乗らずにボートで大西洋を渡るなどの行動を含め、気候変動をめぐって極端な行動を取る活動家のように紹介されることも少なくない（念のため強調しておくと、グレタさんの主な主張は「科学に耳を傾けよ」というものだ)。

冒頭の抗議も、若い活動家たちによる極端な批判と感じる人もいるかもしれないが、こうした行動はむしろ、近年の欧米の金融業界では「通常」といえるレベルだ。というのも近年投資家たちが、世界の石炭火力を始め、大量のCO_2を排出する新案件に対し、撤退を迫るムーブメントが世界中で広がっているからだ。

こうした手法は「ダイベストメント」と呼ばれている。直訳では「投資撤退」だが、要は、投資家たちが、石炭火力などを手掛けるエネルギー企業の株式売却や、案件に融資する銀行に融資引き揚げを提案する行動といえる。米エネルギー経済・財務分析研究所によると、世界では、すでに銀行や保険会社など１３０社以上が石炭火力案件への投資に制限をかけているほどで、２０２０年10月の時点で、北欧のノルディア・アセット・マネジメントら約５９０兆円を運用する投資家連合が「ブンアン２」からの撤退を要求する書簡を関連する12社に送っていた。

これはつまり、投資マネーの世界では「石炭はリスク」という前提がすでに共有され始めているということだ。反石炭のイデオロギーというよりは、カーボンニュートラルの世界では、石炭は誰も買い手がいない「座礁資産」となり得るという前提がそこにはある。

日本でこのダイベストメントの影響を大きく受けたのが商社だった。日本の大手商社は、つい数年前までアジアでの石炭火力事業を注力領域の一つに掲げていたが、ダイベストメントの動きが活発化する中で、三井物産、丸紅、住友商事、伊藤忠商事は、石炭火力の新規事業に原則取り組まないことを決めた。さらには出資する側の銀行も、三井住友、三菱ＵＦＪ、みずほの3メガバンクが２０２０年に新規の石炭火力案件には融資しないことを決めている。三菱商事も２０２１年に入って、ベトナムの別の石炭火力案件からの撤退が報じられており、冒頭の「ブンアン２」が最後の石炭火力輸出となるもようだ。

ブンアン2は日本にとって鬼門となる事業だ。日本とベトナムの両政府肝いりの案件としてスタートしたが、２０１９年12月に脱石炭を決定した英スタンダードチャータード銀行が銀行団から離脱。同じ月のＣＯＰ25で世界の脱石炭の洗礼を受けた小泉進次郎環境相も翌1月になって建設に異議を唱えたが、その後、輸出要件の厳格化を条件に建設を容認するなど、国策と脱炭素の狭間を揺れ動いている。

しかし日本にとっては、CO_2排出が少ない高効率の石炭火力は残された数少ない独自技術であり、２０２１年にＧ7が石炭火力への融資を止める合意にいたる中でも、「排出量の削減を講じていない案件」だけの停止に持ち込むなど、ギリギリの攻防が続く。

一方で、次なる焦点は、新規案件からの撤退だけでなく、いつ石炭火力からフェーズアウトするのかに移っている。三菱商事と丸紅は２０５０年代、住友商事は２０４０年代後半とする一方、三井物産は２０３０年の完全撤退を前倒し、伊藤忠も一つしかない石炭火力の売却を検討している。

「既存の石炭火力発電所は、２０３０年までにゼロにする方針でしたが、今からでも売却のためのアクションを取るべきだと取締役会で議論しています。石炭に対する圧力はものすごく強くなっていますし、潮目が変わりつつあるのは間違いない」。三井物産の安永竜夫社長（現会長）は２０２１年2月の時点で、NewsPicksの取材にこう述べている。

セイ・オン・クライメート（Say on Climate）

もちろん、投資家たちから厳しい要求を突きつけられるのは日本の商社だけではない。

特に２０２１年の5月は、石油メジャーへの逆風が一つのピークに達したタイミングだった。まず、英蘭ロイヤル・ダッチ・シェルが18日に開いた株主総会では、２０５０年までのカーボンニュートラルを目指す会社提案が賛成多数で採決された。これだけなら石油会社が意欲的な目標を出した順風満帆な株主総会にも聞こえるが、実は裏側では、オランダの環境系ファンド「Follow This（フォロー・ディス）」がさらに「短中期での削減目標を提示するべきだ」と株主提案を行い、各国のファンドが賛同したため、激しい攻防戦が展開されていたのである。

なかでも、アクティビストとして知られるヘッジファンドの英ＴＣＩ（ザ・チルドレンズ・インベストメント・ファンド）のクリス・ホーンは株主総会で、脱炭素を強く要求する「Say on Climate（その気候対策に物申す）」という取り組みを進めており、シェルの総会でも「漠然とした宣言だけでは意味がない」とフォロー・ディスの提案を支持した。結果的に、フォロー・ディスの提案への賛成票は約30％にとどまったが、年々こうした気候変動をめぐる株主提案の支持率は高まっている。

しかし、株主提案を否決したのもつかの間、シェルはそのわずか8日後の5月26日に、オランダ・ハーグの裁判所から、２０５０年のカーボンニュートラル宣言だけでは不十分だとして、30年までに「45％排出削減（２０１９年比）」を命じられた。こうした気候変動関連の訴訟は近年、相次いで提起されている。炭素集約型の企業には、投資家からのダイベストメントに加え、市民からの圧力が年々強まっているのだ。

石油メジャーの時価総額の推移

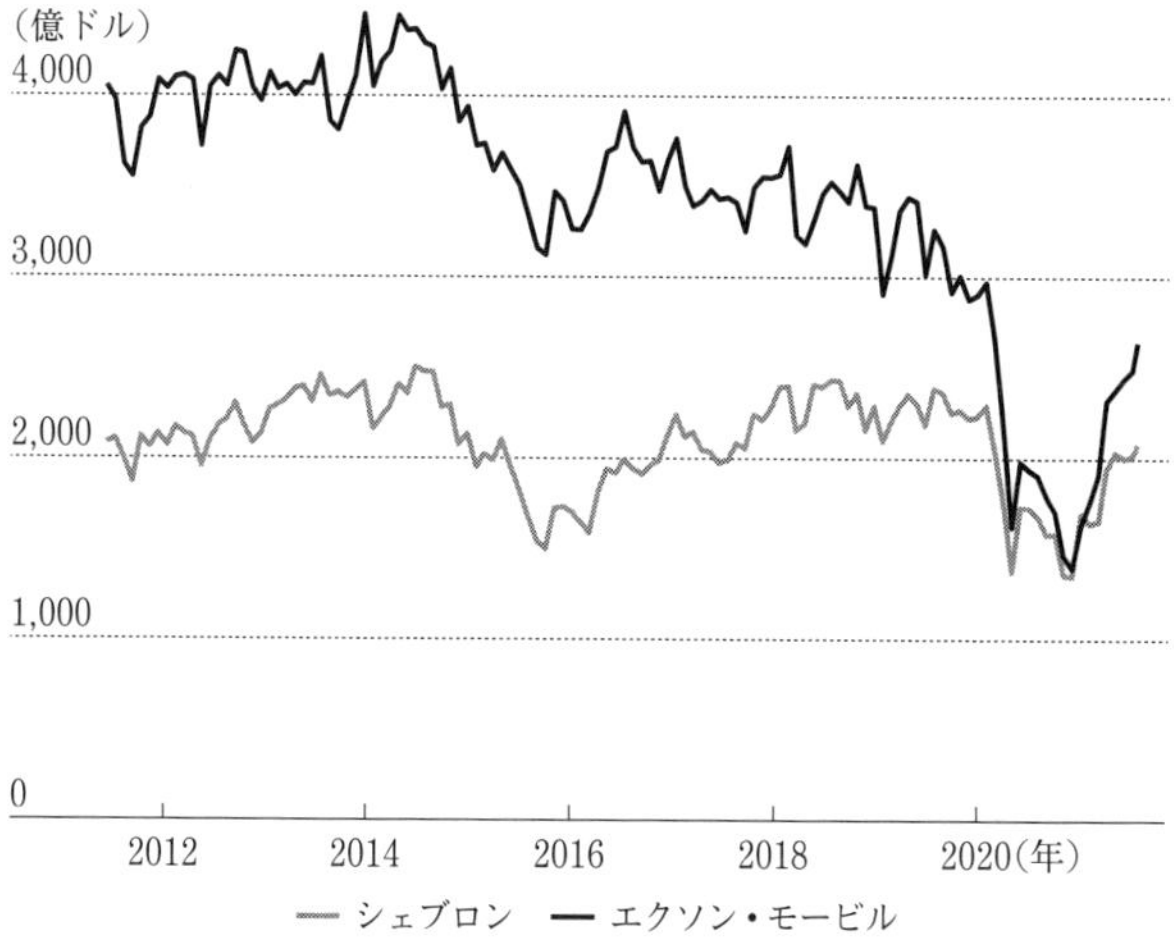

そして、同じ5月26日、米エクソン・モービルの株主総会でも異変が起きていた。米ヘッジファンドのエンジン・ナンバーワンが提案した、気候変動対策を重視する4人の取締役候補のうち、2人が選出されたのだ（その後3人に増えた）。エンジンは、エクソンを時代遅れの「恐竜」のような企業と評し、株主の将来価値を高めるため、気候変動対策に向けて抜本的なシフトをする必要があるとして、取締役の刷新を求めていた。実はエンジンが所有するエクソン株はわずか0・02%程度だったが、世界最大の資産運用会社であるブラックロックなどが賛成票を投じたとみられ、1カ月におよぶ激

しい委任状争奪戦の末、エクソン経営陣にとっては歴史的敗北となった。
さらに同日、石油メジャーであるシェブロンの株主総会でも、同社の石油製品の使用で発生するCO_2排出を削減する案が61％の支持を得て承認された。この一連の流れが浮き彫りにしたのは、気候変動のリスクは、もはや環境保護団体だけでなく、投資家、金融機関、政治家、規制当局などあらゆる機関のコンセンサスとなっていることであり、未だに化石燃料で稼げている石油・ガスの国際メジャーにとっても、経営を左右するコアの課題となっているということだ。

こうした投資環境の変化を受け、企業側が株主の機先を制する動きまで出てきた。例えば、先述の「Say on Climate」の対象となったスイスの資源採掘大手グレンコアは２０５０年までに温室効果ガス排出を実質ゼロとする目標を掲げ、その計画を打ち出すようになった。グレンコアにとっては石炭採掘がコア事業だが、豪英ＢＨＰやリオ・ティントなど石炭企業が、自身のコア資産である石炭（主に発電用の一般炭）事業を売却する動きも進み始めた。本書で取り上げている「グリーン・ジャイアント」ですら安泰ではなく、いずれもが、まだ保有している石炭火力からの早期の完全撤退を常にアピールしている。そしてこの動きは、エネルギーや資源会社だけでなく、ネスレやユニリーバのような消費財メーカーでも加速している。

一方で、企業に化石燃料絡みの資産売却を迫る「ダイベストメント」には、常に異論もついてまわる。なぜなら、もし株主からの要求を受けてCO_2排出資産を売却しても、他の誰か（特に株主の注目が少ない企業）が代わりに購入するのであれば、世界の排出量削減にはほぼ効果がないからだ。しかも、石油資産でいえば、その大部分は上場していない産油国の国営企業が保有しているという事情もある。

このため、気候変動問題の活動家となったビル・ゲイツでさえ、長年「株式売却だけで、気候変動を食い止めたり、貧しい国の人々を助けたりできるとは思えない」としてダイベストメントには懐疑的な見方を示していた。ビル・ゲイツの盟友である伝説の投資家ウォーレン・バフェットにいたっては、逆に２０２０年になって日本の5大商社に巨額投資をしている。「バフェットは、商社だけではなく、石油のパイプライン企業にも投資している。気候変動の観点から世の中が投資しなくなった会社でも、インフラを担う長期的に必要な会社には、投資価値はあるとみているのでしょう」と一橋大学の名和高司・特任教授は指摘する。

しかし、ゲイツは２０２１年2月に発売した書籍『How to Avoid a Climate Disaster』

（邦訳『地球の未来のため僕が決断したこと』早川書房）で、ダイベストメントへの立場を変えたことを明らかにしている。これまで自身の持つ膨大な資産を資産管理会社が運用する中で、一部には化石燃料系の会社も含まれていたが、「2019年、石油・ガス会社の直接保有分をすべて売却し、ゲイツ財団の寄付金を管理するトラストも同様に売却しました」と書籍の中で打ち明けた。

この決断について、ゲイツは道徳的な理由を挙げている。

「我々がゼロカーボンの代替エネルギーを開発できなかったときに、（化石燃料企業の）株価が上昇しても、私は利益を得たくありません。ゼロエミッションへの到達が遅れることで、自分が利益を得ることになったら申し訳ない気持ちになる」（原書より筆者訳）

そのとき900兆円が動いた

こうした気候変動をめぐる投資家たちの活発な動きは、突然生まれたものではない。この10年をかけて、気候変動と金融のリスクをめぐる議論が整備され、もはや主流といえる立ち位置を確立している。

それは気候をめぐる感情的なムーブメントが勃発しているというより、むしろ、気候変動への金融リスク分析が徐々に進み始めてきたことが背景にある。

そのターニングポイントとなったのが、２０１５年である。この年は、第一章でも詳述したパリ協定がもっとも象徴的だが、それ以外にも、気候変動とマネーが結びついていくためのいくつかの大きなイベントが重なった重要な年だった。

その一つが、２０１５年９月の国連サミットで、ＳＤＧｓ（持続可能な開発目標）が採択されたことだ。日本でもこの1~2年で知られるようになったＳＤＧｓだが、このとき、２０３０年までの行動計画として、貧困対策やジェンダー平等などと並び、「気候変動への具体的なアクション」が17の世界的目標の中に明示されていた。さらにこの年の９月28日、日本では年金積立金管理運用独立行政法人（ＧＰＩＦ）が国連責任投資原則（ＰＲＩ）に署名したことが公表された。これはつまり日本の年金が、後述するＥＳＧ（環境・社会・統治）投資の原則で運用されるようになったということだ。

これらに加えて、この年の９月29日には重大な演説が行われていた。英国の中央銀行であるイングランド銀行のマーク・カーニー総裁（当時）が、英保険会社を前に行った「ホライゾンの悲劇」と呼ばれるスピーチである。カーニーは、気候変動は２００８年のリーマン・ショックを超えるような金融の不安定化を起こしかねない「システミック・リスク」であると断言し、そのタイムスパンは、複数年のビジネスサイクル、大統領選や議会選挙の政治的なサイクルをも超える不確実な尺度でやってくる「ホライゾンの悲劇」だと表現した。

　これは、リスクをできるだけ排除したい保険会社などの金融機関にとっては重要な点だが、少し難しいので、いくつかスピーチからの要約抜粋を載せたい。

●気候変動が金融の安定性に影響を与えうるリスクには、①物理的リスク、②賠償責任リスク、③移行リスクの3つがある。

●産業革命前からの気温上昇を2℃未満に抑えるための許容炭素排出量（炭素予算）をみると、石油、ガス、石炭の世界の確認埋蔵量の5分の1～3分の1に当たる。これが正しい場合、**埋蔵量の大部分が座礁資産になる**。こうなると、需要が消えることから、（大気圏内の）炭素を回収する技術無しには化石燃料は文字通り燃やせなくなる。

●一方、経済の脱炭素化に融資することは、**長期的な投資家にとっては、大きなチャ**

ンスになる。これは現在と比べ4倍の長期インフラ資産への投資を伴う、資源の抜本的な再配分や技術革命を意味する。ただし、このためのグリーンな金融は、中期的にニッチなものにとどまってはいけない。

●古くからの格言に「測定できるものは管理することができる」というものがある。投資における炭素強度に関する情報によって、**投資家が企業のビジネスモデルのリスクを評価することができる**。

●企業がどのように平均気温上昇2℃未満の世界に備えているか（いないか）というリスクについての情報公開の枠組みは、投資家によるアナリストへの需要を生み、好循環を促進する。**炭素予算の価値が生かされるためには、情報開示がなされなければならない**。

●良質の情報を基盤として活用することで、我々は明日のリスクのより良い理解のための好循環、投資家のためのより良い価格、より良い政策立案者の意思決定、そして低炭素経済へのスムーズな移行を構築することができる。測定されたものを管理することで、我々はホライゾンの悲劇を打ち破ることができる。

これは２０１５年の時点で、英国における日本銀行の総裁に当たる人物が語った内容である。世界の金融政策に影響を与える人物が、これだけはっきり気候変動の金融リスクを指摘したことは異例であり、「喫緊の問題を山ほど抱える現職の中銀総裁が、一見自分の管轄外にみえる事項についてこれほどの演説をしたことは注目に値する」と、当時の米ニューヨーク・タイムズ紙も指摘している。

いずれにせよ、この演説で述べられた内容はその後、世界の気候変動をめぐる金融のあり方の雛形となった（目標とする平均気温の上昇が、今や2℃ではなく、１・５℃がスタンダードとなり始めていることは除いて）。

この演説からわずか3カ月後の２０１５年12月、各国の中銀が加盟する金融安定理事会が、ＴＣＦＤ（気候関連財務情報開示タスクフォース）を創設する。これは先述のマーク・カーニーが金融安定理事会議長として主導したものであり、演説にあった通り、気候関連のリスクとチャンスを適切に評価し、価格を決定するために情報公開を促進するものだった。そして２０１７年には、気候変動が経営に及ぼすリスクについて、①ガバナンス、②戦略、③リスク管理、④測定基準と目標の4領域で財務開示を推奨する提言を発表するにいたった。

これが意味するのは、従来の財務情報に加え、気候変動リスクの情報公開が、企業が投資を得るための条件の一つとなる、ということだ。

これを機に、気候変動リスク、もしくはその裏にあるチャンスが、世界の投資マネーと一気に混ざりあっていくことになる。開示が少なく、気候変動リスクが高い企業に対しては「ダイベストメント」が進み、一方で、第二章の「グリーン・ジャイアント」のように、気候変動をチャンスに圧倒的な成長を遂げる企業が出始めた。オーステッドやイベルドローラなどは、ＴＣＦＤに基づいた積極的な開示を行っていることで知られる。

そして、２０２０年１月にさらなるダメ押しの一打が放たれる。それが資産運用会社ブラックロックのラリー・フィンクＣＥＯによる経営者への書簡だ。ブラックロックは、日本のＧＤＰ（約５３０兆円）を遥かに上回る９００兆円近い資産を運用している世界の最大手である。そのトップが、気候変動を軸にした運用を強化し、情報開示を怠った場合、その企業の決定に株主として反対票を投じる構えであるとまで宣言したのだ。以下はその抜粋だ。

●気候変動は、長期的な企業活動において極めて重要な意味を持つようになりました。

（中略）そのようなリスクは今のところ、金融市場に適切には反映されていません。一方で、こうした気候変動に関するリスク認識は急速に変化しており、**今、金融の仕組みは根本から見直される事を余儀なくされている**と思います。

●資本市場は将来のリスクを先取りした形で織り込むため、気候変動そのものよりも早い時期にそのアロケーションを変更するでしょう。すなわち近い将来、**大半の人々が予想しているより早いタイミングで大規模な資本の再分配が起きる**のではないでしょうか。

●配慮なく製品価格を引き上げる医薬品メーカー、安全を軽視する鉱山会社、顧客本位を実践しない銀行は、短期的にはリターンを最大化することができるかもしれません。（中略）対照的に、強い企業理念を掲げ、ステークホルダーに真摯《しんし》に向き合う企業は、顧客とより深くつながり、絶えず変化する社会の要求に適応することができるでしょう。**究極的には、企業理念が長期的な収益性の源泉となる**のです。

●サステナビリティに関連する投資リスクが増大する中、情報開示に関する対話等を通じた従前からの啓発活動を踏まえ、**投資先企業がサステナビリティに関連した情報開示、その根本となる事業活動や計画において十分な進展を示せない場合には、**

経営陣と取締役に対して、反対票を投じることについて、より積極的に検討します。

世界各国の年金などを運用し、数千社に投資をしている、いわばマネーの世界のど真ん中に位置するブラックロックがここまで気候対策重視に舵を切ったことは、世界中のビジネスに大きな衝撃を与えた。２０２１年の書簡では、新型コロナウイルスでむしろ気候をめぐる資本の再配分が加速したとして、「自社のビジネスモデルをネットゼロ経済に整合的なものに変革するための計画を開示することを要請する」とさらに企業への要請を強めている。ちなみにブラックロックはバイデン政権にも出身者2人を送り込んでいる。

世界最大手の資産運用会社が気候型の投資に動いたということは、裏を返せば、それだけこの投資のパフォーマンスがいい、つまり下世話にいえば長期的に「儲かる」ということにほかならない。その一つの証左に、ブラックロック全体の株価はフィンクが書簡を送った２０２０年1月から、米国の株式全体に投資するＳ＆Ｐ５００に連動した運用会社を大きく上回っている。

日本の年金１５０兆円の行方

しかし、９００兆円を動かしているとはいっても、ブラックロックは資産を運用する会社にすぎない。その資金自体のオーナーは、世界中の機関投資家である。つまり、ブラックロックの決断というのは、彼らに資産運用を委託する金融機関や保険会社など、機関投資家たちの要請に応じたものでもあるということだ。

機関投資家の中でも、もっとも巨額の資産を委託しているのが、各国の年金基金だ。実は世界の年金基金は10年以上も前から、気候変動を含むＥＳＧ投資に真っ先に舵を切ってきた。

ＥＳＧとはEnvironment（環境）、Society（社会）、Governance（統治）の３つのテーマの頭文字を取ったもので、近年の投資では避けて通れない一大トピックになっている。ＥＳＧという言葉は２００４年に国連環境計画・金融イニシアティブが最初に提唱し、さらに２００６年に国連責任投資原則（ＰＲＩ）にＥＳＧを盛り込んだことをきっかけに、世界で徐々に広がっていった。

ESG投資のパフォーマンス

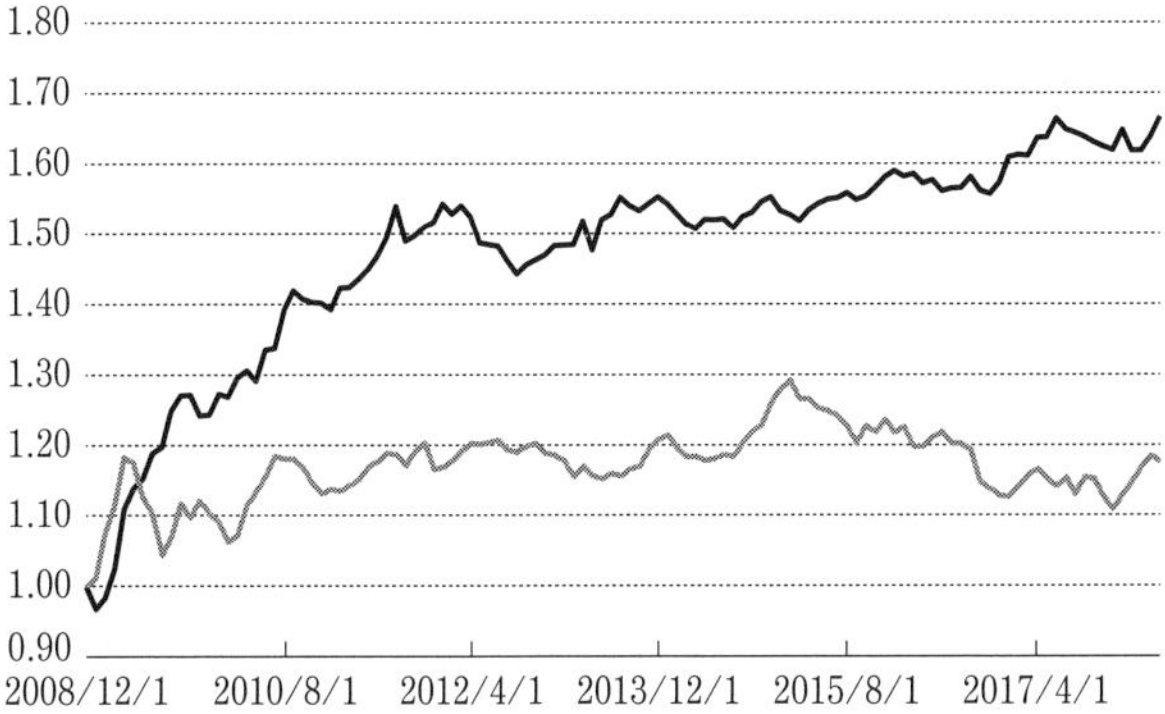

市民感情に左右されないESG投資
市民感情に左右されやすいESG投資

※1ドル投資した場合のリターン
出所：ハーバード・ビジネス・スクールのジョージ・セラファイム教授

このＥＳＧを真っ先に取り入れたのが、世界の年金基金だった。２００９年にノルウェーの政府年金基金（ＮＢＩＭ）が、気候変動や環境への対応について投資先企業に求める方針を発表すると、２０１３年にはフランスの公務員付加年金（ＥＲＡＦＰ）が投資先企業におけるCO_2測定を開始、２０１５年オランダの公務員年金（ＡＢＰ）、イギリスの環境庁年金基金（ＥＡＰＦ）、日本のＧＰＩＦ（年金積立金管理運用独立行政法人）、２０１６年米カリフォルニア州の公務員退職年金基金（CalPERS）がＰＲＩに署名、と一気に動き始めた。

なぜ我々の老後資金を運用する年金基

PRI署名機関数の推移

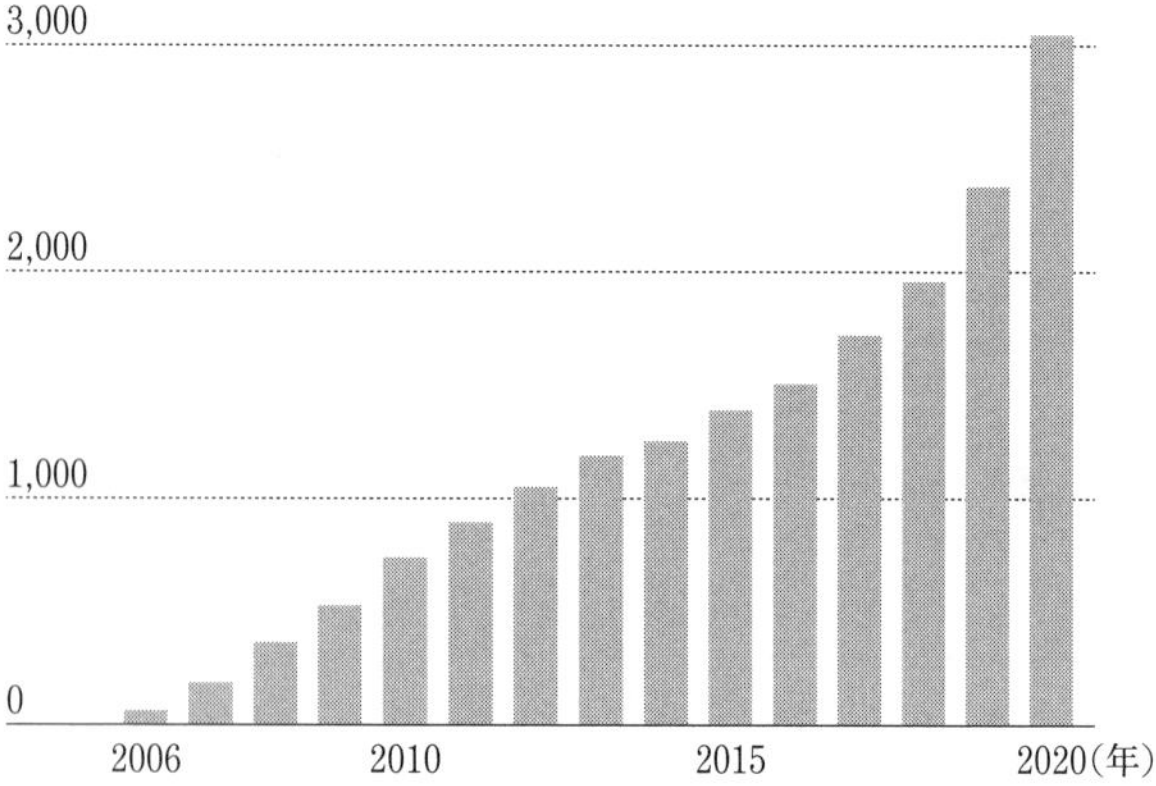

出所：国連環境計画・金融イニシアティブ（UNEP FI）

金が、ＥＳＧへと舵を切っているのか。その答えを一言で表すとすれば、「年金こそ、１００年先を見据えて運用する必要があるから」ということに尽きる。我々が大事なお金を預けている年金や保険を、実際に受け取るのは何十年も先である。つまり、預かる側の年金基金は、短期の収益ではなく先の先さえも見据えて運用する必要があり、そのためには気候変動のリスクと機会も織り込むＥＳＧの考え方はむしろ必須なのである。

　実際、先述のオランダの公務員年金（ＡＢＰ）は２０１６年の年次報告書でこう指摘している。

「２０１５年に新たに公務員となった若者は、平均で男性は81歳、女性は83歳まで生きる。

PRI運用資産総額の推移

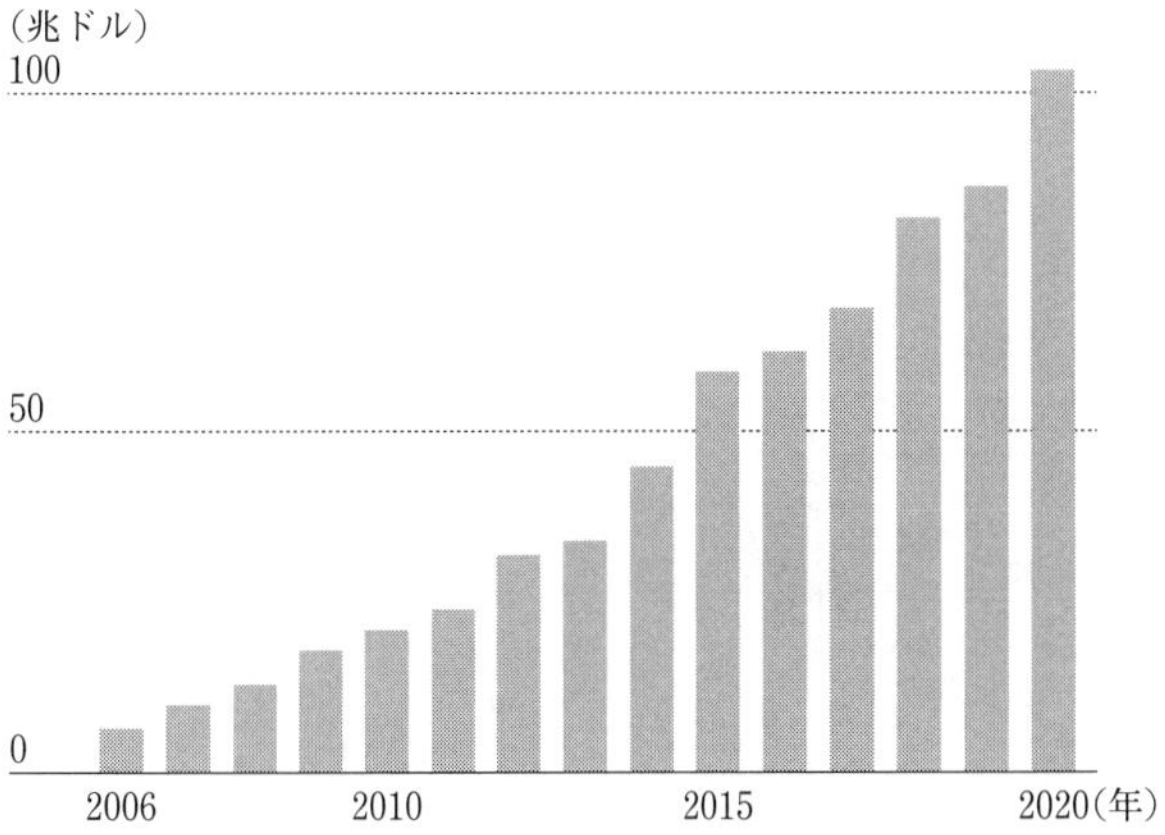

出所：国連環境計画・金融イニシアティブ（UNEP FI）

（中略）２０７５年になっても生を楽しんでいるはずだ。（中略）受益者たちが生存可能な世界で年金を享受できることが重要だ」

実は、これら世界の年金基金の中で、最も資産額が大きいのが日本のＧＰＩＦである。世界最大の投資家としても知られるＧＰＩＦは先述の通り、２０１５年の時点でＰＲＩに署名しており、２０１７年に実際にＥＳＧ運用を始めている。つまり、日本の国民が預けたお金のかなりの量が、すでにＥＳＧ投資に振り向けられているということである。

このＥＳＧシフトを推進したのが、２０１５年からＧＰＩＦのＣＩＯ（最高投資責任者）を務めた水野弘道だった。水野は、住友信託銀行を経て、米ノースウェスタン大学ケロッグ経営大学院で学んだ後にロンドンを本拠とする英ＰＥ（プライベート・エクイティ）ファンド会社コラー・キャピタルに入社し、日本人初のパートナーになった人物だ。現在は、国連のグテーレス事務総長の特使に就任したほか、電気自動車の米テスラの社外取締役まで務めるなど、日本では数少ない世界に名を知られる存在である。２０２０年にカーボンニュートラル宣言を打ち出した菅首相の知恵袋の一人ともされる。

水野は２０１５年にＧＰＩＦのＣＩＯに就任すると、その保守的なスタンスから「地雷原」ともされた日本の年金基金改革に着手し、就任１年を前にＰＲＩに署名すると、その翌年にはＰＲＩの理事に就任する。このように水野がＧＰＩＦをＥＳＧ投資へと振り向けた一番の背景にあるのが、ＧＰＩＦが国内外の数千社に投資し、安定的・持続的な収益が求められる「ユニバーサルオーナー」であることだ。「数世代に及ぶ責任を背負ったユニバーサルオーナーとして、本質的に長期的な物の見方をしています」と水野は事あるごとに強調している。

そして２０１７年にＧＰＩＦは、実際に「ＥＳＧ指数」を策定する。ＥＳＧ投資では、企業が開示するＥＳＧ情報などをもとに「格付け」や「指数（インデックス）」が開発されており、それらが適用された実際の銘柄に投資家たちが投資できる仕組みになっている。ＧＰＩＦは、世界に数ある株価指数のうち5つを採用して、指数に連動した投資をしているのだ。

これはつまり、ＧＰＩＦは指数を通じて、ＥＳＧの評価が高い企業だけを選んで投資しているということだ。この手法は「ポジティブ・スクリーニング」と呼ばれる。本章では、冒頭で石炭をめぐるダイベストメントを取り上げてきたが、こちらは温室効果ガス排出削減に取り組まない企業を投資先から外す「ネガティブ・スクリーニング」の一つとされ、「ポジティブ・スクリーニング」の逆に位置する手法といえる。

「ＥＳＧ投資というと、これまではダイベストメントといったネガティブな視点から捉えられることが多かったが、最近はポジティブに捉える動きが広がっている。この半年で欧州や中東ではＥＳＧ投資への資金獲得の切迫感が出ており、今後、ＥＳＧ資金の獲得競争が起きるだろう。日本企業は、気候変動関連情報に関する開示を積極的に行い、この資金獲得競争に勝利してほしい」と、水野は２０１８年に行われた経産省の審議会で発言している。

水野の発言通り、実際にＥＳＧの資金獲得競争は起き始めている。特にＧＰＩＦは現状

GPIF でみる ESG 度ランキング

GPIF のトータル保有額に占める ESG 投資額の比率

	企業名	ESG 投資総額（億円）	トータル保有額（億円）	ESG 投資比率
1	ファーストリテイリング	541	1,181	45.8%
2	東京エレクトロン	821	2,635	31.2%
3	SG HD	107	362	29.6%
4	アドバンテスト	134	482	27.8%
5	オムロン	235	867	27.1%
6	シスメックス	278	1,027	27.1%
7	リクルート HD	937	3,519	26.6%
8	キッコーマン	148	575	25.7%
9	村田製作所	698	2,728	25.6%
10	ダイキン工業	806	3,168	25.4%
11	中外製薬	587	2,318	25.3%
12	ダイフク	171	681	25.1%
13	日東電工	156	626	24.9%
14	日本取引所グループ	231	962	24.0%
15	オリエンタルランド	603	2,538	23.8%
16	安川電機	115	485	23.7%
17	野村総合研究所	164	709	23.1%
18	エムスリー	242	1,048	23.1%
19	第一三共	850	3,726	22.8%
20	ソフトバンク	389	1,761	22.1%

※1　ESG 投資総額をトータル保有額で割って算出
※2　トータル保有額は 2019 年度末時点

で7兆円をＥＳＧ指数の投資に向けているため、この巨額のマネーを獲得しようと、ＧＰＩＦに特化したＥＳＧ対応を進める企業がすでに登場している。その代表事例が、ユニクロを展開するファーストリテイリングだ。同社は２０１８年、ＧＰＩＦが採用しているＥＳＧ指数である「FTSE Blossom Japan Index」向けの情報公開を進めることで実際に構成銘柄に選定され、結果としてＧＰＩＦによる持株比率が上昇した。同様に楽天も２０１9年以降、ＧＰＩＦが採用する全4種のＥＳＧ指数において、2年連続で構成銘柄に選定され、ＧＰＩＦの持株比率は実質4位まで浮上した。

とはいえ、ＧＰＩＦが保有する全体の資産約１５０兆円のうち、ＥＳＧ投資は前述のようにまだ7兆円（国内株式4兆円、外国株式3兆円）程度に過ぎない。だが、この数字だけで、ＧＰＩＦのＥＳＧ投資を判断するのは「誤解」である、と財務戦略アドバイザーの田中慎一は指摘する。というのも、ＧＰＩＦは全資産１５０兆円において、ＥＳＧを考慮すると活動報告で明記しているからである。

さらにＧＰＩＦは機関投資家のスチュワードシップ（ファンドの受託者責任を果たすため、投資先企業への経営監視を強めるための活動指針のこと）で、もともとは株式資産だけを対象にしていたのが、その後改定を経て、２０２０年2月から、全資産においてＥＳＧ

Climate Action 100＋の対象日本企業

社名	業界	2050年宣言
ダイキン	空調	○
日立製作所	電機	○
ホンダ	自動車	○
ENEOS	石油・ガス	△
日本製鉄	鉄鋼	×
日産自動車	自動車	×
パナソニック	電機	○
スズキ	自動車	×
東レ	化学	×
トヨタ	自動車	△

※2050年のカーボンニュートラルの有無
出所：Climate Action 100＋、各社発表

考慮を含むようスチュワードシップ活動を強化している。これは、「ＥＳＧ指数」を通じた投資だけでなく、日本株全体にあたる「ＴＯＰＩＸ（東証株価指数）」の全構成銘柄について、投資先企業との面談などエンゲージメント（建設的な対話）を通じてＥＳＧ推進を促していくということである。

「ＧＰＩＦは、ブラックロックなどの資産運用会社が投資先企業に対して、ＥＳＧを考慮に入れたエンゲージメントを進めるよう働きかけています。そうすることで、投資先企業の長期的な価値向上を目指しているわけです」（田中）

これは言ってしまえば、ＧＰＩＦがＴＯＰＩＸなどの指数にも投資する限り、日本の上場会社でＥＳＧと無関係でいられる企業はない、ということだ。

こうした投資先へのエンゲージメントという手段を通じて、企業に気候リスクへの対応を迫る手法は、世界ではさらに進んでいる。例えば、２０１７年12月に始まった「Climate Action 100+（クライメートアクション１００＋）」は、運用額が合計で５７００兆円にも及ぶ、世界の機関投資家５７５社が集まるイニシアティブだが、彼らは世界の排出量が大きい企業１６７社に対し、気候変動対策の成果向上を求めるエンゲージメントを進めている。

クライメートアクション１００＋のホームページをみれば、世界のエネルギー、航空、採掘、自動車会社ら一つ一つの排出企業について、２０５０年カーボンニュートラル宣言の有無やＴＣＦＤに基づいた情報公開など、10項目のチェックリストが公開されていることが分かる。日本からはトヨタやパナソニック、日本製鉄など10社がエンゲージメント対象となっている。

ＧＡＦＡＭの本気

企業へ気候対応を要求しているのは、投資家だけではない。もう一つ忘れてはならないのは、製造業における「サプライチェーン」という観点だ。サプライチェーンというのは、自動車や電気製品などの最終製品ができるまでの、原料から、部品、組み立てまでの全工程のことを指す。

２０２０年7月、米アップルは、事業全体、製造サプライチェーン、製品ライフサイクルのすべてを通じて、２０３０年までにカーボンニュートラルにすることを目指すと発表した。もちろん、これまで見てきたエネルギー会社と比べ、iPhoneやＩＴサービスを展開するアップルは、そもそもの排出量が膨大なわけではない。とはいえ、世界の企業がＩＰＣＣの評価報告書を基に２０５０年を目標に掲げるなかで、20年前倒しというのは野心的な目標だ。

「気候変動に対するアクションは、新時代のイノベーションの可能性、雇用創出、持続的な経済成長の礎になり得るのです。カーボンニュートラルに対する当社の取り組みが波及効果をもたらし、さらに大きな変化を生み出すことを期待しています」と、アップルのティム・クックＣＥＯは発表に際し、コメントしている。

これは、裏を返せば、再エネ１００％で部品や素材を生産しないと、iPhoneに使ってもらえなくなるということだ。これはアップルが公表するサプライヤートップ２００社のうち、34社を占める日本企業にとっても同じだ（２０２０年現在。トップ２００のうちの日本企業の数は２０１７年の43社から減り続けている）。

年間2億台を超える出荷台数を誇るiPhoneに自社の部品を組み込んでもらうことは、電子部品や半導体、電池、パネル、筐体《きょうたい》などを供給するサプライヤーにとって生命線である。以前からアップルはこうしたサプライヤー同士を競わせ、低コストで部品を購入することで知られているが、ここに新たに脱炭素という競争軸が入り込んできたということになる。

「アップルとの交渉はずっと購買責任者との価格や納期の交渉がメインでしたが、２０１８年ごろから、毛色の違う人が同席し始めたと思ったら、グリーン担当の人でした。再エネでの生産も強制力はなかったのが、徐々に要件が厳しくなり、２０２０年には契約書を交わすまでになりました。今はサプライヤーとしてアップルにＰＲしてもらえるのも、グリーンに取り組む企業がメインになってきています」と、あるアップルサプライヤー企業の幹部は話す。

さらに踏み込んだのは、マイクロソフトだ。かつてはアップルのライバルだったマイクロソフトは、２０１４年に就任したサティア・ナデラＣＥＯの下で抜本的な改革に成功したが、気候分野へのコミットメントも野心的だ。２０２０年１月にマイクロソフトが宣言したのは「２０３０年のカーボンネガティブ」だ。まだまだ聞き慣れない言葉だが、カーボンニュートラルが排出と除去で差し引きゼロ（ネットゼロ）を意味するのに対して、CO_2除去の量が排出を上回るようにするということだ。このカーボンネガティブ実現のために、新たに設立したファンドを通じて、CO_2除去技術の開発に10億ドル（約１１００億円）を４年間にわたって投資するとまで宣言している。

ついでにいえば、２０５０年の目標については、「１９７５年の創立以来、直接的に、および電力消費により間接的に排出してきたすべてのCO_2を２０５０年までに除去するという目標達成の道筋を確立する」として、75年分のCO_2の相殺を宣言している。マイクロソフトはソフトウェア事業がメインのため、アップルと比べてもCO_2の排出量はさらに限られているが、それでも時価総額２００兆円近い巨大企業がもたらすインパクトは

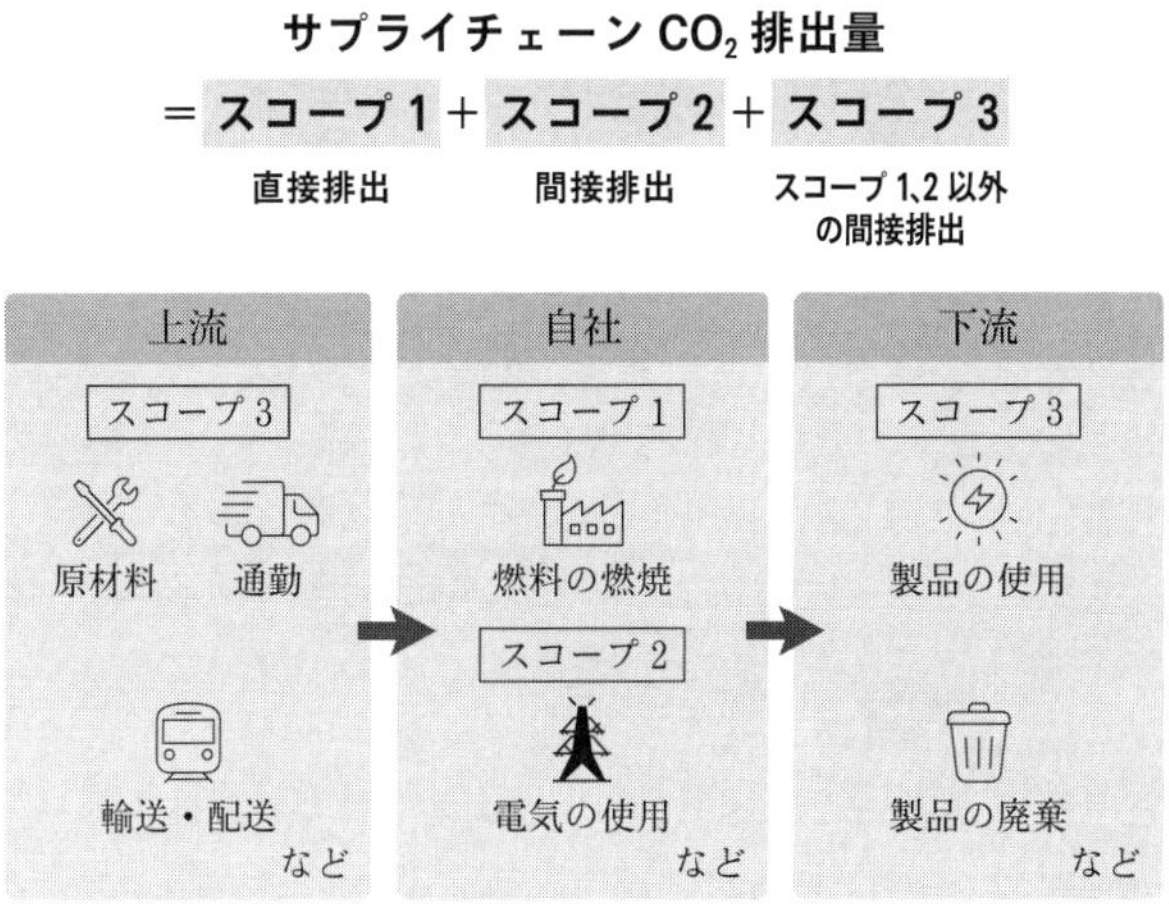

大きい。

特にマイクロソフトの本気度が見えるのが、自社による直接の排出（スコープ1と呼ばれる）だけでなく、電力会社から購入する電気や熱（スコープ2）、さらにはサプライヤーから購入する原材料や部品から社員の出張など1、2以外のすべて（スコープ3）までを含めて、カーボンネガティブを実現しようとしているということだ。具体的には、社内でのカーボン・プライシングを始めることで、スコープ3を2030年までに半減させ、さらに炭素回収技術でネガティブを実現していくのだという。この野心的な取り組みをマイクロソフトは「moonshot（月面着陸。実現困難な目標へのチャレンジの意）」と呼んでいる。

米国の時価総額ランキングで、アップル、マイクロソフトに次ぐ3位に当たるのがアマゾンだ。アマゾンの場合は、従業員からの厳しい突き上げがカーボンニュートラル宣言につながった側面がある。アマゾン社内では２０１８年に「Amazon Employees for Climate Justice（気候の正義を求めるアマゾン従業員）」という活動団体ができており、３５０人を超える従業員が実名でコメントを寄せているほか、２０１９年４月には従業員４５００人が気候変動対策に真摯に取り組むようにジェフ・ベゾスＣＥＯ（当時）に書簡を送った。これを受けてアマゾンは排出量削減の目標を厳格化し、２０１９年９月に２０４０年までのカーボンニュートラルを宣言した。

実際のところ、アマゾンにとってネットゼロは、かなりハードルが高い。自社倉庫の再エネ化だけでなく、世界中を飛び交う荷物を運ぶトラックや飛行機など配送でのCO_2削減にも取り組まないといけないからだ。だが、アマゾンが立ち上げた「気候変動対策に関する誓約」にはすでにペプシコやビザなど１００社以上が参加しており、徐々にネットゼロへの取り組みが進むことは間違いない。

このように、今や気候変動をめぐる要求は、市民活動家だけでなく、資本市場、サプライチェーン、さらには従業員、消費者からも強まり始めている。一橋大学の名和高司特任教授は「今は『エシカル消費』という言葉が出てきているように、ミレニアル世代やその下のZ世代は、環境や社会に良いことをしている企業しか応援しなくなり始めました。つまり、そうでない企業にとっては買われなくなるリスクが増えている。そうなると、消費者市場から背を向けられてしまうことになります」と話す。

もはや、気候対応と無縁でいられる企業はない、といっていいだろう。ESGの情報公開や指数の選定を始め、まだまだ環境は未整備で抜け穴があるのも事実だが、あらゆる気候変動対策の大きな波が押し寄せていることは間違いない。

「これまでは気候変動の問題はエネルギーや金融業界ぐらいしか関係ないと思われていましたが、もはやあらゆる企業にとってのリスクであり、同時にチャンスになっています。私は気候変動問題対応やESGを『まあ流行り物のファッションでしょう。サステナビリティといっても儲からないし』として捉えている経営者は、かなりリスクのある経営判断をしているのだと思っています」。ゴールドマン・サックス投資銀行部門出身で、再エネのレノバ元CFOの森暁彦はこう指摘している。

第四章　テスラとトヨタ

テスラの一人勝ち

2021年1月8日は、自動車業界にとって衝撃的な日だった。米電気自動車メーカー・テスラの時価総額が8341億ドル(約92兆円)を記録し、トヨタや独フォルクスワーゲンなど世界の他の自動車メーカーの時価総額を合計した額をも抜き去ったのだ。テスラの株価は2020年に新型コロナウイルスが感染拡大し始めてからというものの一直線に上がり続け、7月にトヨタを抜くと、そこでも勢いを止めず、とうとう世界のすべての自動車メーカーが束になってもかなわないレベルにまで到達してしまった。

テスラの自動車販売台数は年間50万台であり、世界全体に占める割合は1%にも満たない。しかし投資家は、この1社の価値が、1880年代から始まったその他の自動車産業全体よりも大きいと判断したということである。

もちろん、これは瞬間風速に過ぎなかった。特に米国では、コロナウイルスの経済対策で巨額の資金が溢れかえっており、それが一時的なバブルを起こした側面があるのは確か

テスラと世界の自動車メーカーの時価総額の推移

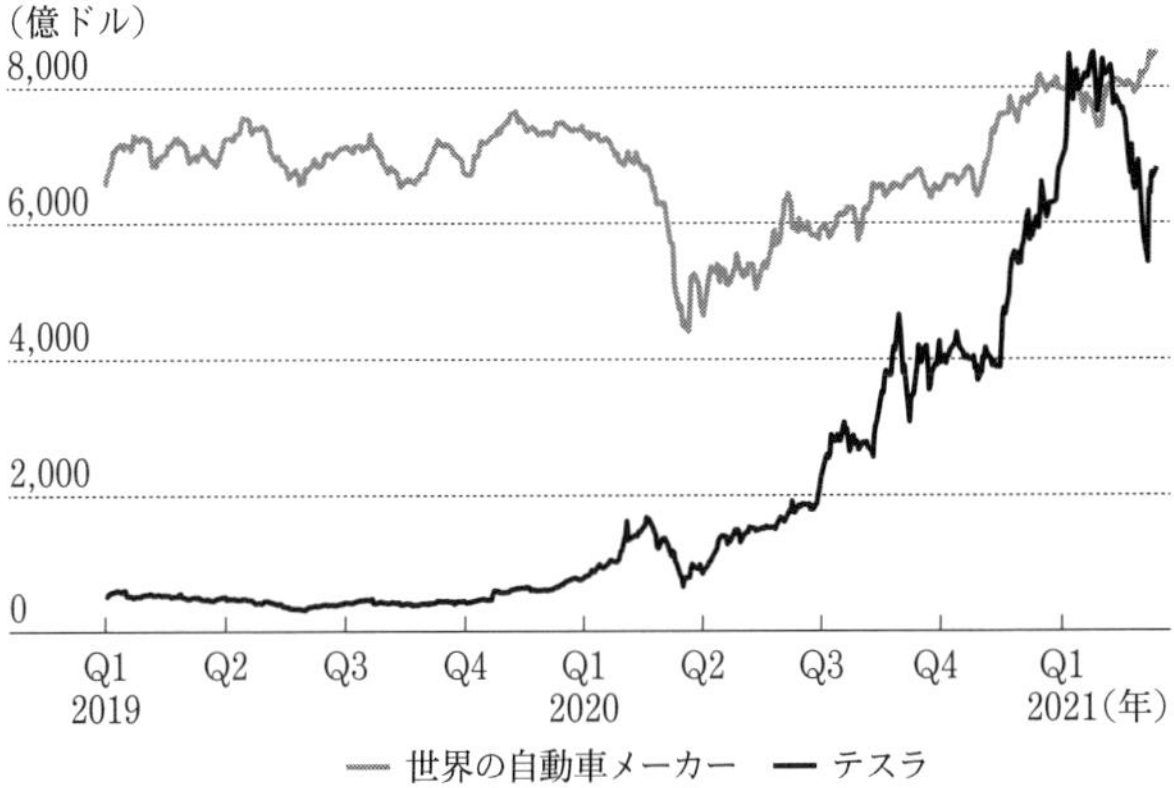

※自動車メーカー：BMW、フォード、フィアット・クライスラー、GM、ホンダ、現代、日産、ポルシェ、プジョー、トヨタ、フォルクスワーゲン、ルノー、マツダ　出所：Quartz（qz.com）Data: Senteio

だ。だが、同時に、なぜそのマネーの受け皿がテスラになったのかと考えると、彼らが世界の「電気自動車（ＥＶ）」というイノベーションを一手に率いてきたことに理由があるのは間違いない。

世界がカーボンニュートラルに向かう中で、各国の政府は一気に「ＥＶシフト」に舵を切り始めている。ＩＥＡ（国際エネルギー機関）のロードマップによると、現状世界の1%にとどまるＥＶのシェアが２０３０年には20%、２０５０年には86%を占めることになる。

これは同時にガソリン車撤廃の動きを加速させており、ノルウェーやスウェーデンなど北欧諸国を皮切りに、英仏などの欧州主要国、米国の一部州、さらには中国までもが追随している。これだけＥＶシフトが鮮明になりつつある中で、世界で最も人気のＥＶメーカーであるテスラが投資家の受け皿になるのは、過剰な部分はあったにせよ、自然な流れだというのも事実である。

　それでは、ＥＶ時代の寵児となったテスラとはいかなる企業なのか。テスラは、そのカリスマＣＥＯであるイーロン・マスクとセットで語られることが多いが、実はマスクは創業者ではない。マスクは、１９９０年代に自身が起業したオンライン銀行Ｘドットコム（X.com）を母体に２００１年に決済企業のペイパル（PayPal）を誕生させると、２００２年にオンライン通販のｅベイ（eBay）に売却して財を成した。そこから同年に次の一大事業として宇宙開発のスペースＸ（SpaceX）を創業すると、その後２００４年には、シリコンバレーで創業したばかりのテスラ・モーターズ（当時）に出資し、同時に会長に就任している。もともとは日常的な業務には関与していなかったが、経営陣の対立を機に２００８年にＣＥＯとなった経緯がある。

　ＣＥＯになる前の２００６年、マスクは「The Secret Tesla Motors Master Plan（テスラモーターズ秘密のマスタープラン）」と題した記事をテスラのウェブサイトにアップしている。マスクはここで、テスラ最大のゴールが「炭化水素の経済から、太陽電池経済への移行」であるとし、以下のような簡潔なプランを「誰にも言わないでね」と嘯《うそぶ》きつつ、明かしている（ちなみに投稿では、ベンチマークとしてトヨタやホンダの環境車を詳細に分析しているのが、今となっては興味深い）。

①スポーツカーをつくる。
②その売上資金で、手頃な価格の車を作る。
③その売上資金で、さらに手頃な価格の車を作る。
④同時に、ゼロエミッションの発電設備を提供する。

テスラは、発売遅延や予算オーバーなどを繰り返しながらも、このマスタープランを着実に実現してきたといえる。まずマスクが会長としてデザイン設計に加わった初代ＥＶの「ロードスター」は２００８年に市場に投入された。これは、英国のスポーツカーメーカーであるロータスの高級車「エリーゼ」にバッテリーやモーターといったＥＶシステムを組み込んだだけのものであり、価格も９万８０００ドル（約１０００万円）と一般庶民に手が出せるものではなかった。だが、これもマスタープランの一部に過ぎなかった。

「どんな新技術でも、最適化されるまでの初期段階では単価が高くなりますが、これは電気自動車にも当てはまります。テスラの戦略は、お客様がプレミアムを支払う覚悟のあるハイエンドの市場に参入し、モデルチェンジするたびに、できるだけ早くより多い台数とより低い価格を実現することです」とマスクは記している。

実際、マスクの目論見どおり、ロードスターは、ジョージ・クルーニーやアーノルド・シュワルツェネッガーといったハリウッドのセレブたちが購入し、一部で熱狂的なファンを生んだ。だが、その時点では業界内での評価は低く、「金持ちのおもちゃ」といった評判が一般的だった。

しかし、このロードスターで得た知見を元に、テスラはマスタープランの通り、少しずつ「手頃な価格の車」を投入していく。２０１２年に高級セダンのモデルＳ、２０１５年にＳＵＶ（多目的スポーツ車）のモデルＸを投入すると、２０１６年にはコンパクトセダンのモデル３を発表した。特にモデル３は、米国での新車の平均価格を下回る３万５０００ドルから購入できる文字通りの「大衆車」で、今やテスラの躍進を支える世界で一番人気のＥＶとなっている。

2020年のEV販売ランキング

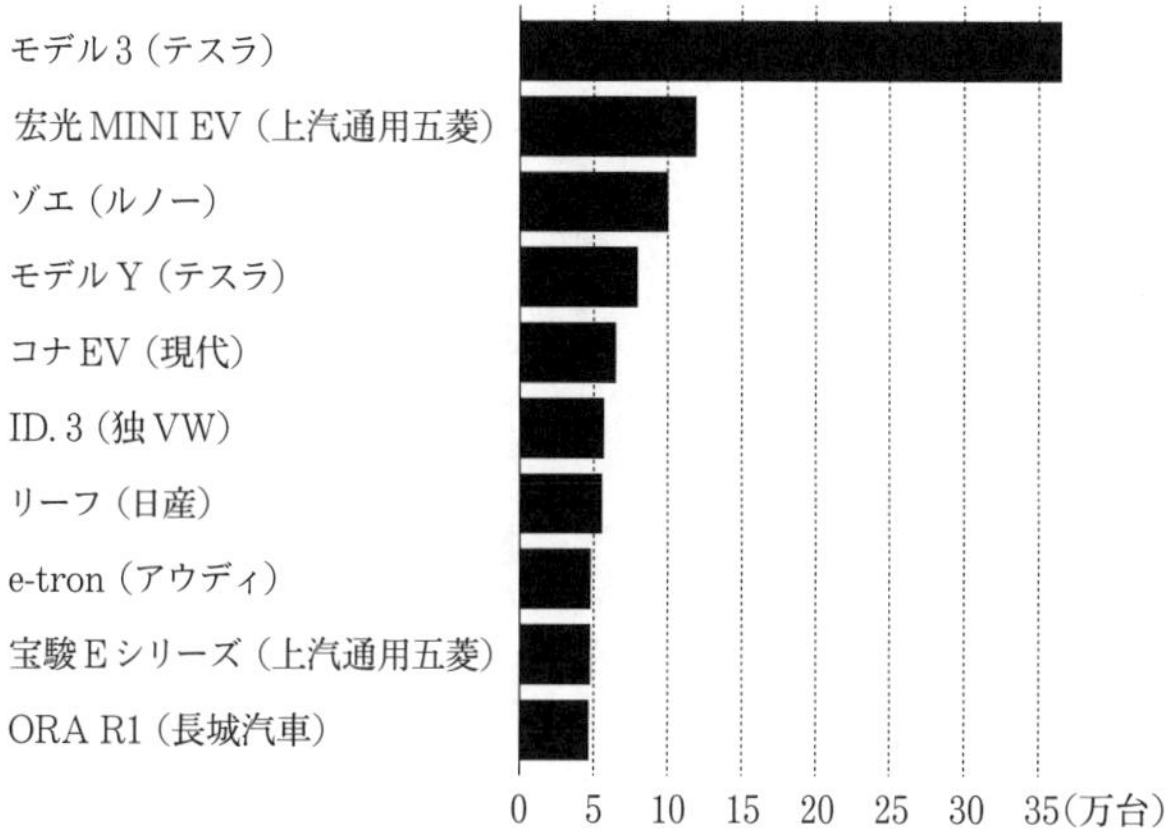

※プラグインEV、2020年1～10月
出所：Quartz（qz.com）Data: EV Volumes

この低価格化を可能にしたのが、生産工場の獲得である。テスラはロードスターの発売後、自動車生産のノウハウを獲得するため、トヨタ自動車ら大手自動車メーカーと相次いで提携し（その後解消）、さらに2010年にはトヨタとゼネラル・モーターズ（GM）がかつて所有していたカリフォルニア州の工場を4200万ドル（約46億円）で購入している。新興のスタートアップにとって、大規模な工場を手に入れることは極めて困難であり、この工場獲得がテスラ躍進の契機になったのは間違いない。

　イーロン・マスクという人物は、工場にも独特のこだわりを持っている。20

１６年の株主総会では「一番ポテンシャルがある製造方法は、『機械が機械を作ること』だ。言い換えるなら、製品のように工場を作っていく」とぶっ飛んだプランを披露した。マスクは、自動車の設計を変えるよりも、工場を改良することで効率を10倍以上に向上させることができると考えている。テスラに初期から車載電池を提供し、２０１４年からは共同で巨大バッテリー工場「ギガファクトリー」に参画するパナソニックの津賀一宏社長（現会長）は、NewsPicksの取材に対し、こう証言している。

「イーロンは、クルマそのものより、クルマを産み出す『工場』そのものが商品だと考えていました。例えるなら、スマホという商品ではなく、スマホを生産する工場、もしくはスマホに不可欠な半導体工場に価値があると考えるのがイーロンです。だからイーロンと話していても、クルマそのものの詳細への発言はほとんどない。少なくとも、私は聞いたことがありません。

　私は、イーロンのような人間が率いる会社と一緒に仕事がしたかった。それこそ電池で儲けるよりも、イーロンと一緒に仕事をしてみたいなと。ＥＶ市場については、社会のデマンド（需要）が決めてゆくもので、個人のニーズが決めるものではないと思っていました。ただ、テスラは個人のニーズで牽引してきた。テスラの車には、日本やドイツのプレミアムカーを超える『デルタ（付加価値の変化量、顧客満足への訴求力）』があるからです。そうして、市場の立ち上げに大きな貢献をしました」

これに加えて、テスラのマスタープランが際立っていたのは、ＥＶ普及に不可欠なもう一つのピースを押さえていたことだ。それは「充電」というインフラの整備である。一般的な乗用車のガソリンタンクの容量は50～１００リットル程度であり、今や1リットルで30キロほどの燃費の車もあるため、一回の給油で１５００～３０００キロは走行可能となっている。しかし、ＥＶが一回の充電で走れる航続距離は３００～５００キロ程度で、頻繁な充電が必要なほか、充電時間の長さもネックで、一般的な２００ボルトの充電器の場合、１００キロほど走行するための充電に数時間を要することもある。

このＥＶ最大ともいえる弱点を、テスラは自前の充電網を構築することで解決しにかかった。２０１2年に自社専用の急速充電ネットワーク「スーパーチャージャー」の設置を開始したのだ。スーパーチャージャーは、電圧４８０ボルトで、出力が最大２５０キロワットにも達し、モデル3を5分間充電すれば１２０キロ走行できるほどのパワーを持つ。これは一般的な急速充電器よりも遥かに速い。

しかも、テスラの高級モデル所有者は無料で無制限に充電できるというから、所有者にとってはこの上ないメリットだ。世界の２５００地点以上で約2万５０００基が運用されているほか、２０２1年にはこのスーパーチャージャーをすべて再生可能エネルギーで賄う計画も発表している。つまり２００6年に発表したマスタープランは、15年を経て、一つの到達点に達しようとしているのだ。

とはいえ、テスラには常に混乱がつきまとっているのも事実だ。テスラ車の大きな売りの一つが、自動でソフトウェアがアップデートされる機能だが、マスクがぶち上げてきた「自動運転」はまだ完成しておらず、公言していた２０２０年末までの「１００万台のロボタクシー計画」も全くもって実現できていない。品質についても、外観、感触、仕上げのレベルは欧州の高級メーカーには全く及ばず、特に米国外では、貧弱なサポート体制も問題視されている。マスクの強烈なリーダーシップの影響から社内体制も不安定で、幹部の入れ替わりも珍しくない。

「イーロンのスタンスは、基本的には『できないやつが悪い』というものです。だったら『できるやつを連れてくる』というのがイーロンの考えなので、メンバーも次々に代わりました（笑）。ですが、そうやってテスラが発展してきたのは、事実です。これは日本ではできない。ブラック企業を超えていますから」と、先述の津賀社長は指摘している。

だが、マスクの強烈な個性があったからこそ、巨大メーカーが群雄割拠する自動車業界で、ＥＶという市場をほぼゼロから立ち上げられたのも疑いようのない事実だ。そして、少なくとも現状世界が向かっている方向は、テスラの躍進を後押ししているようにみえる。

１００年に一度の革命

とはいえ、ＥＶを手掛けるのはもちろんテスラだけではない。

ＥＶ自体は１９９０年代から登場しているし、テスラのロードスターから2年後の２０１０年には日産が大衆向けＥＶ「リーフ」を３００万円台で投入している。しかし、テスラの躍進も含め、ＥＶがようやく普及モードの一歩目を歩み始めたのは２０１５年ごろのことだった。

一つのきっかけとなったのは、やはりパリ協定である。世界の温室効果ガスの排出量のうち、自動車など交通部門が占める割合は、調査によって異なるものの、大体約2割に上る。特に米国では29％を占め、エネルギーを超える一大排出部門となっている。この交通部門には、自動車だけではなく航空機から船舶までが含まれるが、航空機も船舶も巨大かつ航続距離も長いため、いきなり電動化を進めるのはかなりの困難を伴う。

その点、自動車では、まだ主流にはなっていなかったとはいえ、すでに複数のＥＶが市場に投入されていたこともあり、ここでＥＶシフトの礎が築かれつつあった。実際、パリ協定の直前には「電気自動車と気候変動に関するパリ宣言」が採択され、２０３０年までに地上交通機関の少なくとも20％を電気自動車にすることなどが謳《うた》われた。

もう一つ、このＥＶシフトへの引き金となったのが、「ディーゼルゲート」と呼ばれる事件だ。これはパリ協定締結に先立つ２０１５年9月に発覚した不正であり、特に欧州の自動車業界を根底から揺さぶることになった。具体的には、自動車大手の独フォルクスワーゲンが「環境に優しいディーゼル」として売り出していた車が、環境規制をくぐり抜けることを目的に不正ソフトを組み込み、検査時だけ大気汚染物質のＮＯx（窒素酸化物）の排出を減らす装置を働かせていたことがわかったのである。

ディーゼル車が道路を走っている間はこの装置は作動しないため、実際は、検査時よりも最大で40倍も多くのＮＯxを撒き散らしていたことが分かった。何より、フォルクスワーゲンといえば当時年間販売台数１０００万台近くを誇り、トヨタに次ぐ世界2位のメーカーだっただけに衝撃は大きかった。さらには、高級車ベンツで知られるドイツの自動車大手ダイムラー（現メルセデス・ベンツ）でも同様の不正が２０１７年５月に発覚し、一般的に信じられていた「ディーゼル車は環境に優しい」というイメージが大きく崩れることになった。

これらの事件が自動車大国のドイツ、さらには欧州全体がＥＶへと傾倒していくきっかけとなる。その一つの象徴となったのがフォルクスワーゲンの不正から１年後の２０１６年、ダイムラーの会長ディーター・ツェッチェ（当時）が打ち出した「ＣＡＳＥ」と呼ばれる中長期戦略だった。これは、次世代の自動車の競争力を左右する４つの技術の頭文字をとったものだ。

Connected：インターネットへの「接続」を通した安全やエンタメの強化
Autonomous：ソフトウェアが自律的に運転する「自動運転」
Shared & Services：カーシェアリングなど、所有から「シェア」への移行
Electric：「電気自動車」を始めとする電動化

ツェッチェは、ＣＡＳＥ戦略のお披露目《ひろめ》の場となったパリのモーターショーで「ＣＡＳ

Ｅは、メルセデス・ベンツの未来を形作るものです。これらを体系的に進化させ、インテリジェントに組み合わせていきます。現在すでに、ベンツは４つの分野で主導的な役割を果たしていますが、これらを一つの包括的な戦略にまとめることで、未来のモビリティにおいて支配的な役割を果たすという主張を明確にしています」と力強く宣言した。これ以降、日本を含む自動車業界ではＣＡＳＥが合言葉として定着し始め、「１００年に一度の変革」などと評されている。

欧州が仕掛ける包囲網

ＣＡＳＥ革命の宣言は、欧州のＥＶシフトに火をつけた。

特徴的なのは、テスラが地元カリフォルニア州の環境規制を利用しながら、イーロン・マスクの強烈な個性と、それが生み出す熱狂的なファンによって販売を牽引したのに対し、欧州勢は各国政府による規制と自動車産業が一体となって動く「ルールメイキング」を軸にＥＶ市場を立ち上げようとしていることだ。

欧州の自動車規制は「ＣＡＦＥ」（Corporate Average Fuel Economy、企業別平均燃費）

CAFEの基準値達成のからくり

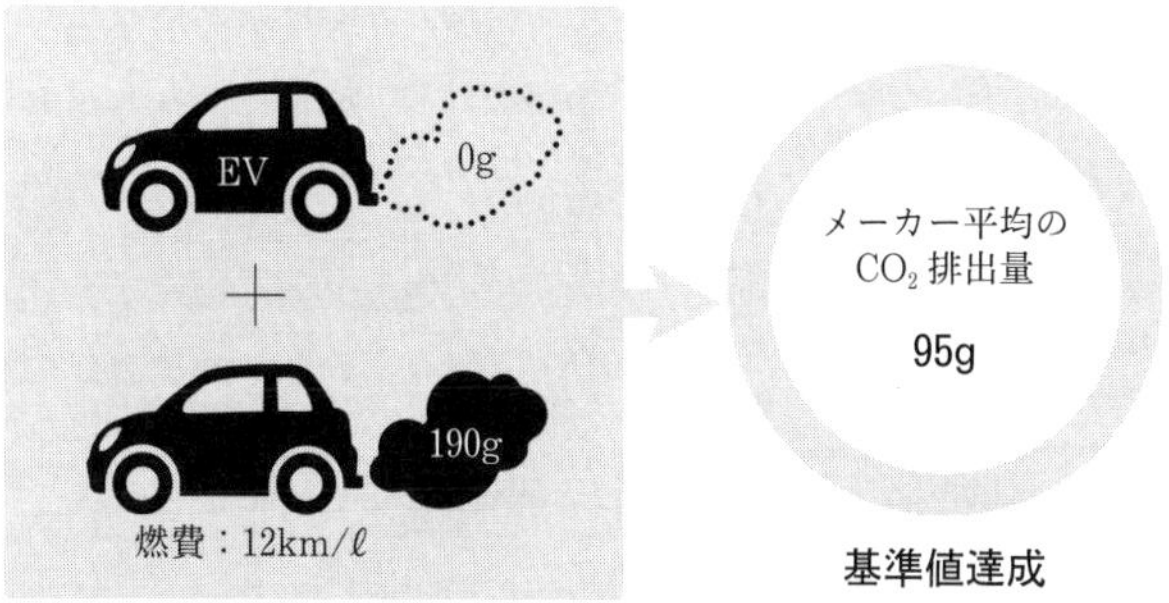

と呼ばれている。自動車メーカーが販売したすべての新車の燃費の平均を算定し、その数値が基準を下回らないように義務付けるものだ。この基準は何度か改定されてきたが、2021年現在は走行1キロ当たりのCO_2排出量を95グラム以下に抑えることが求められる。これを達成するための燃費は約24キロ／リッターであり、達成できない場合は当局に罰金を支払う義務が生じる。

燃費24キロ／リッターがどういうレベルかというと、日本ではトヨタのプリウスや日産のノートなど、ハイブリッド車（ＨＶ）しか達成できていない水準である。純粋なガソリン車では、ほぼ軽自動車しかクリアできないレベルの厳しい基準だ。つまり、今世界の路上を走っている巨大なＳＵＶから高級セダンまで、大半の自動車がこの基準に満たないということになる。

自動車メーカー側からすれば、罰金を減らすためには

ＥＶを開発するしかない。というのもＣＡＦＥ規制では、ＥＶは走行中にCO_2を排出しないことから、「ゼロ」とカウントされることになるからだ。ここには巧妙なからくりがあり、カウントが「ゼロ」のＥＶを１台売れば、もう１台販売した車の燃費が約12キロ／リッターでも、罰金を逃れることができる。また、基準を超過達成することができれば、その分を「クレジット」として他社に販売することもできる。欧州はこのように独自のルールを一気に強化することで、自動車メーカーのＥＶ化を促しているのである。

実のところ、ＥＶであっても、そのライフサイクルではCO_2を排出している。主要パーツである電池の製造過程で大量のCO_2を出すほか、生産工場も１００％再生可能エネルギー由来の電力で稼働していない限りはCO_2の排出源となっているからだ。しかし、現行のＥＵの規制ではそうした「走行以外の部分」は無視する、「Tank to Wheel（燃料タンクからタイヤまで）」と呼ばれる方式をあえてとっているのである。

こうしたＥＵによる規制には、独自のルールメイキングを通じて、域内のＥＶ産業を優遇する産業政策の面も垣間見える。というのも、先述のように欧州メーカーが「環境車」として注力してきたディーゼル車が２０１５年の事件によって消え去る一方、日米ですでに普及したハイブリッド車ではトヨタなど日本勢が大きく先行していて、今さら追いつくことはできない。だからこそ、ＥＶを優遇する規制を通じて、新たな産業として勃興させようとしているのだ。

実際のところＥＶは、テスラという強烈なプレイヤーこそ登場しているものの、まだまだ市場が成熟していない。このため、ＣＡＦＥ規制の厳格化と歩調を合わせるように、欧州の自動車メーカーたちは次々と新たなＥＶ投入を競いあっている。世界2位の独フォルクスワーゲンは２０３０年までに欧州販売の7割をＥＶにすると打ち出したほか、同じくドイツを拠点とするＢＭＷは傘下の中小型車のブランド「ＭＩＮＩ」を、２０３０年までにすべてＥＶにするとしている。

さらには、スウェーデンのボルボが２０３０年、イギリスのランドローバーも２０３６年までにすべての新車をＥＶ化すると発表したほか、ＣＡＳＥの提唱者である独ダイムラー（現メルセデス・ベンツ）にいたっては、今後すべての新型車の開発をＥＶから始めると宣言した。これは、個別の車種だけではなく、開発体制もＥＶありきで見直すということである。ここまでみれば、いかに欧州の自動車産業が歩調を合わせてＥＶシフトへと取り組んでいるかが分かるだろう。

もう一つ欧州のＥＶ戦略を語る上で重要なのが、「電池」である。ＥＶは原価の半分が

EVとガソリン車の販売台数の変化（2019–2020年）

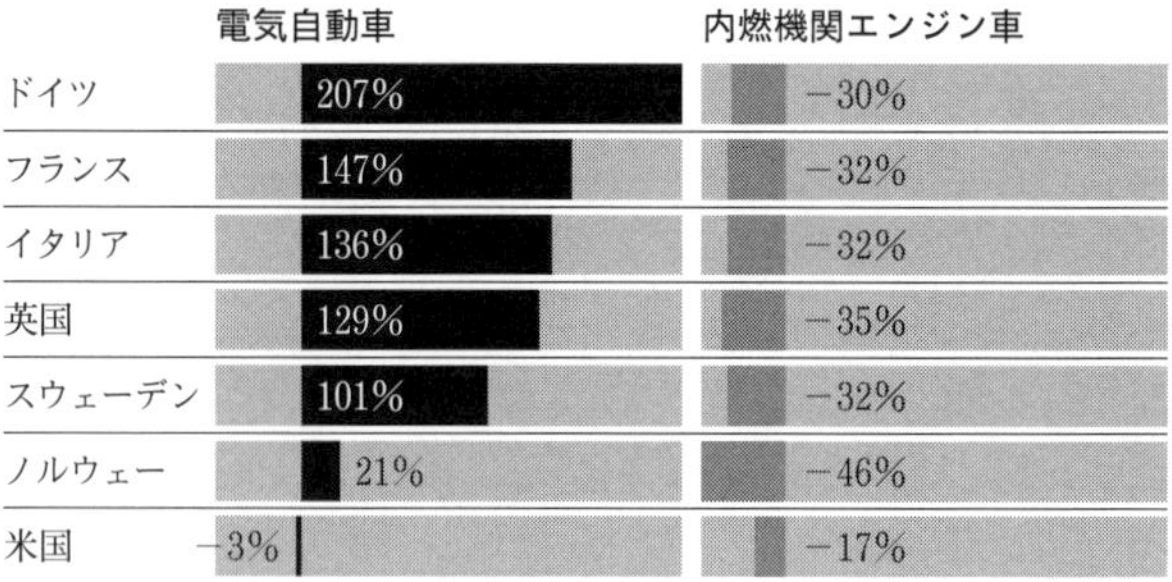

※１～10月で比較、乗用車とトラック
出所：Quartz（qz.com）Data: BNEF

車載電池といわれるほど、電池がコアパーツとなっているが、ＥＵはこの分野に惜しみなく資金を投入し始めている。２０２１年１月には、テスラやＢＭＷなど42社に対し、原材料の調達から、バッテリーパックの設計や製造、リサイクル・廃棄まで一気通貫でＥＵ域内で行うことを条件に、車載電池の生産強化に向け29億ユーロ（約３７００億円）の公的援助を決定した。ＥＵは２０１９年にも32億ユーロ（約４２００億円）の国家補助プロジェクトを承認していて、民間も含めると車載電池分野への投資額は１００億ユーロ（約１・３兆円）を超えると見込んでいる。

　電池の確保はＥＶシフトの根幹になるだけに、巨額案件が徐々に表に出始めている。例えば、フォルクスワーゲンは２０２１年３月、スウェーデンの電池メーカー「ノースボルト」との間で、10年間で約１兆５０００億円分の電池供給の契約を結んだ。ちなみにノースボルトは、もともとテスラでサプライチェーンのトップを担ってきたピーター・カールソンが立ち上げた企業である。カールソンは先述のパナソニックとの「ギガファクトリー」も手掛けたいわば電池製造のプロだ。

「世界中で確実にＥＶ化が進んでいく。にもかかわらず、ＥＶに必要な電池はコストが高く、しかも足りない。ならば、圧倒的に大量に、かつ高効率な生産を目指す電池メーカーを、自分で作ってしまおうと。それがノースボルトを立ち上げたきっかけです」と、カールソンは２０１８年のNewsPicksによる取材に答えている。

　このように欧州が新たなルールをベースにＥＶシフトを急ぐなか、２０２１年２月には、米フォード・モーターが２０３０年までに欧州でのガソリン車販売を終了すると発表した。こうした規制の包囲網は、もちろん日本メーカーにも及んでいる。

トヨタの「プリウス後」

21世紀の始まりを彩った環境車は間違いなく、プリウスだった。

日本での人気と知名度は改めて語るまでもないが、米国でも特に環境意識の高いカリフォルニア州を中心に爆発的な人気を獲得した。２００３年に２代目のプリウスが投入されると、米国全体で販売台数が年間10万台を超える人気車種となり、さらに２００９年に３代目（米国では日本の『アクア』という車種もプリウスブランドでカウント）がお目見えすると、２０１２〜14年までの３年間は年間20万台以上が売れる一大ブランドとなった。特にカリフォルニア州では大人気のベストセラーとなっており、筆者が当時、配車アプリの「ウーバー（Uber）」で車を呼ぶと、毎度やってくる車のほぼすべてがプリウスだったことを鮮明に覚えている。

レオナルド・ディカプリオ、キャメロン・ディアスら錚々《そうそう》たるハリウッドスターがプリウスでアカデミー賞授賞式に乗り付けるなどイメージ戦略も奏功し、プリウスは環境に良くて「クール」なイメージを持つ乗用車として飛躍していた。そして、同時に世界でも環境に良いハイブリッド車＝プリウスというブランドが構築されていった。まさに、エコカー界の革命だった（参照：東洋経済オンライン２０１８年７月８日）。

そのプリウスの歴史は１９９７年にさかのぼる。実は、もともとトヨタは１９６８年か

自動車メーカー各社の平均 CO_2 排出量（2019 年）

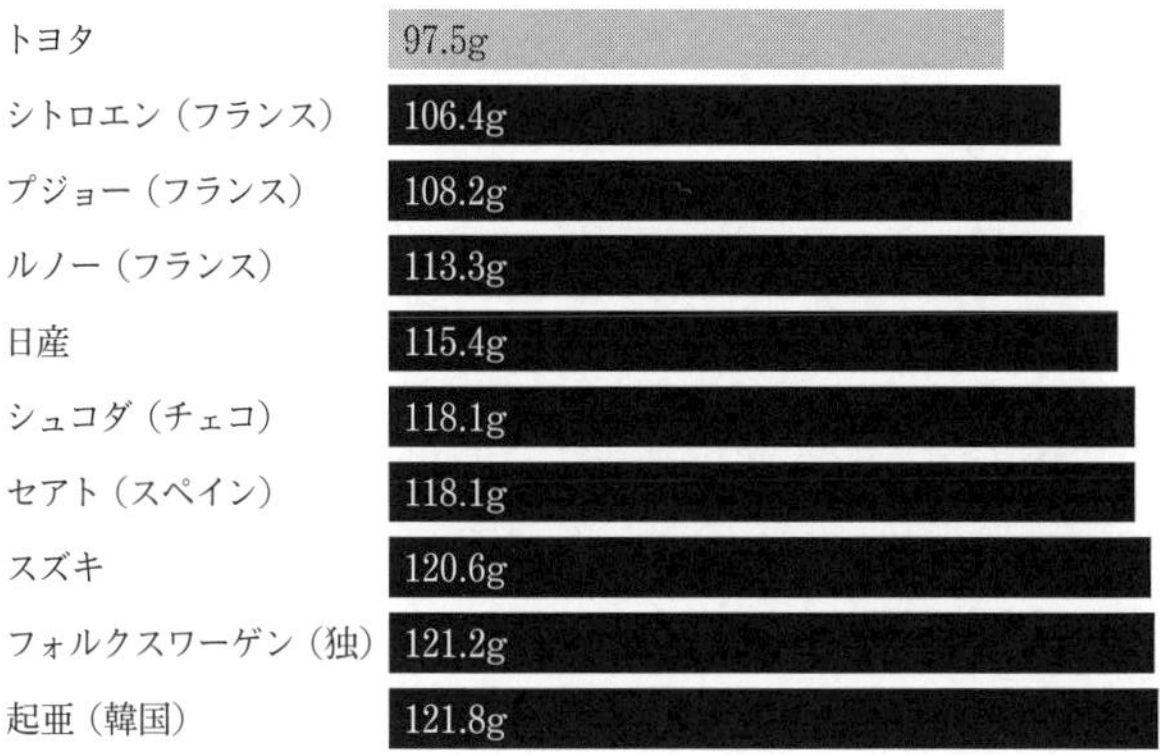

※1キロメートル当たりの CO_2 排出量
出所：JATO

らハイブリッド車の研究を進めていたが、一時中断を経て、１９９３年に「21世紀のクルマ」を社内で議論し始めたことが、プリウス誕生の直接のきっかけとなる。社内プロジェクトでは、燃費性能を１・５倍に引き上げる目標を掲げていたが、途中で2倍というさらに高い目標値が示され、１９９５年にこの目標を実際に達成できるテクノロジーとして「ハイブリッド」に白羽の矢が立つことになった。

　そして１９９７年に「トヨタ・ハイブリッド・システム（ＴＨＳ）」が完成すると、その年末には初代プリウスを発表している。燃費は28キロ／リッターで、価格は２１５万円。「21世紀に間に合いました」というキャッチコピーが表す通り、開発からわずか2年間という短期間で最先端の独自技術を量産化させたことも含めて、歴史的な快挙だった。

しかし、初代の投入から20年以上が過ぎ、その栄光は色あせつつある。まず、盤石を誇ったカリフォルニア州で、メーカーに環境車販売を義務付ける「ＺＥＶ（ゼロ・エミッション・ビークル）規制」の枠組みからハイブリッド車が外れたのを皮切りに、近年のＥＶシフトで、国によってはガソリン車とともにハイブリッド車をも将来的に禁止する方針が取られているからだ。具体的には、ノルウェーやイギリスのほか、ドイツやフランスなどが２０３０年ごろの販売禁止を予定し、さらに２０２１年７月にはＥＵが、２０３５年のハイブリッド車を含むガソリン車の新車販売禁止にまで踏み込んだ。

つまり、世界のカーボンニュートラル化を背景としたＥＶシフトによって、もはやハイブリッド車は「エコ」とみなされなくなったということである。そしてこの流れは、日本にまで到来した。２０２０年12月、政府がまとめる「グリーン成長戦略」で、２０３０年代のガソリン車の新車販売が禁止されるという報道が出始めたのである。これにはハイブリッド車は含まれないものの、トヨタを始めガソリン車を主力とする日本の自動車産業からすると、逆風となるのは想像に難《かた》くない。

　これを受け、２０２０年12月17日、トヨタの豊田章男社長が動いた。日本自動車工業会の会長としての会見で、日本のカーボンニュートラル宣言は歓迎しつつも、同時に進められる急なＥＶシフトに対しては釘を刺したのである。

「ＥＶは生産段階の完成検査時に充放電をしなければいけません。現在、１台のＥＶの蓄電量は平均して家１軒の１週間分の電力に相当します。年間50万台を生産する工場でこの充放電を行うと、１日当たり５０００軒分の電気を充放電することになるのです。

　火力発電でCO_2をたくさん出して電気を作り、毎日５０００軒分が充放電される。政治家の皆さんは、ガソリン車の販売を禁止しようと言いますが、ＥＶ化はそのぐらいのことをしないと維持できないということを分かっておられるのか」

　要するに、豊田社長が訴えたかったのは、自動車をすべてＥＶに置き換えたとしても、製造段階ですでにCO_2を排出しているため、脱炭素に大きく貢献することは出来ないという点だ。これは、特にＥＶの中核パーツである電池が、製造に使う鉱物の採掘過程で大量のCO_2を排出し、廃棄時にもやはりCO_2を発生させていることが理由だ。いずれも、現状のリチウムイオン電池の技術ではクリアするのが困難な問題となっている。欧州の規制が走行時のCO_2排出に焦点を当てた「Tank to Wheel」で計算していると説明したが、豊田社長は、エネルギー源の段階から含めた「Well to Wheel（燃料採掘から走行まで）」という評価方法を前提に反論したのだ。

確かに、ハイブリッド車を始め、ガソリン車の燃費は年々向上しているため、条件によってはＥＶの方が多くのCO_2を出してしまう場合も考えられる。２０２１年、米ウォール・ストリート・ジャーナルとトロント大学が共同で実施した調査によると、ＥＶであるテスラのモデル3の方が、ガソリン車であるトヨタのＲＡＶ4と比べて、製造段階で2倍近くのCO_2を排出していることが分かった。一方で、もちろん走行中のCO_2排出量はモデル3のほうが少なく、モデル3が3万３０００キロ走行した時点でＲＡＶ4と並ぶ計算となった。つまり、もし3万３０００キロを走行する前に廃棄してしまうことがあれば、ガソリン車の方がエコということになる。

「トヨタは１９９７年の時点でＨＶの量産に踏み切るなど、もともと非常に環境対応に関心が強い企業としてやってきました。ただし、現状ではＥＶはやりたくないというのが、多くの幹部の本音でしょう。彼らの視点では、現在の電池技術は脱炭素の解になっていないからです」と、トヨタに近い関係者の一人は指摘する。

実際、トヨタはいくつかの奥の手を用意している。その一つが「全固体電池」だ。現状、各社が車載電池として用いているリチウムイオン電池は電流を発生させる電解質が液体だが、全固体電池はその名の通り固体を用いるのが一番の違いだ。全固体電池はリチウムイオン電池に比べて劣化が遅く、電池の容量も大きくすることが可能で、車載向けでは航続距離１０００キロも視野に入っているほか、丈夫で発火しにくく、高速充放電も可能とされる。リチウムイオン電池が持つあらゆる弱点を克服できる、まさに「次世代の電池」だ。

トヨタは、全固体電池には巨費を投じて研究開発に取り組んでおり、２０２０年４月には、テスラとの関係から車載電池に強いパナソニックと合弁会社を設立し、この分野への注力をさらに鮮明にしている。この合弁会社の社長に就任した好田博昭は「多くのメーカーは現在、リチウムイオン電池の量産に追われている状況ではないかと思います。だからこそ今、先に（全固体電池を）開発してしまう。思い切り全固体電池の開発を加速しないと、我々の強みが生かせない」とその取り組みの意義を強調している。

もう一つ、脱ガソリンに向けたトヨタの切り札が「水素」である。トヨタはまだＥＶシフトの波が訪れる前の２０１４年に、世界初の量産型ＦＣＶ（水素燃料電池車）「ミライ」を発売した実績があり、この分野でも先駆者になっている。

ミライは、酸素と水素を燃料電池に取り込んで電気を作り、モーターを動かすという仕みがある。その後、２０２０年に行ったフルモデルチェンジでは航続距離は８５０キロまで延びた上、燃料電池システムのコストを半額にまで減らすことに成功している。さらには２０２１年５月に静岡県で行われた24時間耐久レースで、ミライとは別の「水素エンジン車」を投入するなど、トヨタは水素動力の車には明らかに力を入れている。

特に、水素エンジン車は水素を直接燃焼させることから、大半の部品で従来のガソリン車のものを活かせるという特徴がある。これは、自動車産業という巨大なサプライチェーンの頂点に位置するトヨタにとっては極めて重要な要素だ。というのも、約１万点の部品からなるエンジンに活路を見出すことは、膨大な雇用を守ることにもつながるからだ。実際、豊田社長は先述のレース前の会見で「全部がＥＶになったら、日本では１００万人の雇用が失われる。一つの選択肢だけではなく、今まで蓄積してきたものにも未来がある」と強調している。

とはいえ、水素を動力源とする車には克服すべき大きな難所がある。電気自動車と同じように、水素を補充するためのインフラ整備が必要であるということだ。水素は電気よりも取り扱いが難しい上に、日本で大量生産のメドが立っていないこともあって、充塡施設

トヨタの電動車販売目標

	電動車全体（HV, PHV 含む）	そのうち EV＋FCV
日本	95%	10%
北米	70%	15%
欧州	100%	40%
中国	100%	50%
グローバル	800 万台	200 万台

※日本、北米、欧州は 2030 年。中国は 2035 年
出所：トヨタ

である水素ステーションは整備が進んでいない。実際、初代ミライの累計販売台数は１万１０００台で、日本国内に限れば３７００台のみ。目標としていた４万台の10分の１にも満たない。いくら自動車自体の性能がよかったとしても、真の普及には、ＥＶと同様にインフラ網が不可欠だ。

　ここまで見てきて分かるように、トヨタの戦略を一言で表すなら「全方位外交」だ。ＥＶの分野で技術的なブレークスルーがまだ来ていないと踏みつつ、新型の電池や水素にもリソースを張ることで、将来的な覇権争いに備えるというスタンスをとっている。これは、世界各国の市場や規制動向に対応できるという点で、世界の自動車業界でトップに君臨するトヨタにしかできない戦略といえる一方で、どこにも軸足を置いていないという意味では不安も残る。

特に、２０２０年からの世界の明らかなＥＶシフトは、やはりトヨタにとってはリスクだ。トヨタにとっての大市場である米国でも、国としてはガソリン車撤廃までは踏み込んでいないものの、すでにバイデン政権の気候シフトを受けて、12州が２０３５年までのガソリン車の新車販売禁止規制を設けるように要望するなど、規制の流れは急速に動き始めている。トヨタは、車載電池の確保では万全の体制を組んでいるものの、実際のＥＶは、２０２０年の高級車ブランド「レクサス」以外には投入しておらず、世界ではその出遅れを指摘する声が大きくなっていた。

だが、ここにきてトヨタも、２０２１年４月の上海モーターショーで、２０２５年までにＥＶ15車種を投入し、そのうち7車種をＥＶ専用ブランドのモデルとすることを発表するなど、一気にＥＶ対応にもアクセルを踏み始めた感がある。まずは、２０２２年から発売する「bZ」シリーズが、事実上初めての量産ＥＶとして試金石になりそうだ。

実際、トヨタの前田昌彦ＣＴＯ（最高技術責任者）は２０２１年４月のNewsPicksの取材に対し、こう答えていた。

「もし本当にマーケットがＥＶに動いたら、できるかできないかというよりも、全力でその動きをキャッチしに行くしかありません。例えば、ＳＵＶでも似た経験があります。かつて『時代はＳＵＶだ』と言われる中で、トヨタは特に小型ＳＵＶのラインナップが乏しく、出遅れていると指摘されることもありました。でも、実際にＳＵＶのムーブメントが起きた時に、全力で開発しました。『Ｃ－ＨＲ』『ライズ』『ヤリス クロス』など品揃えを整えたことで、今までのお客様との信頼関係もあり、トヨタ車を選んでいただけました。だから、もしＥＶが一気に来たとしたら、全力でキャッチアップしに行くしかないでしょう」

今がまさに「全力でキャッチアップ」するタイミングだと踏んだのか。そして、ハイブリッド車を維持しながら、この急速なシフトを勝ち残れるのか。いずれにせよ、世界の気候対策が加速させる自動車の新たな競争軸と包囲網が、トヨタにとって大きな正念場となるのは間違いない。

ＥＶでも覇権を狙う中国

これまで日米欧のＥＶを取り巻く環境を見てきたが、忘れてはならないのが中国だ。すでに年間の新車販売台数が２５００万台と、世界最大の自動車市場となった中国だが、実

中国の年間EV販売台数の推移

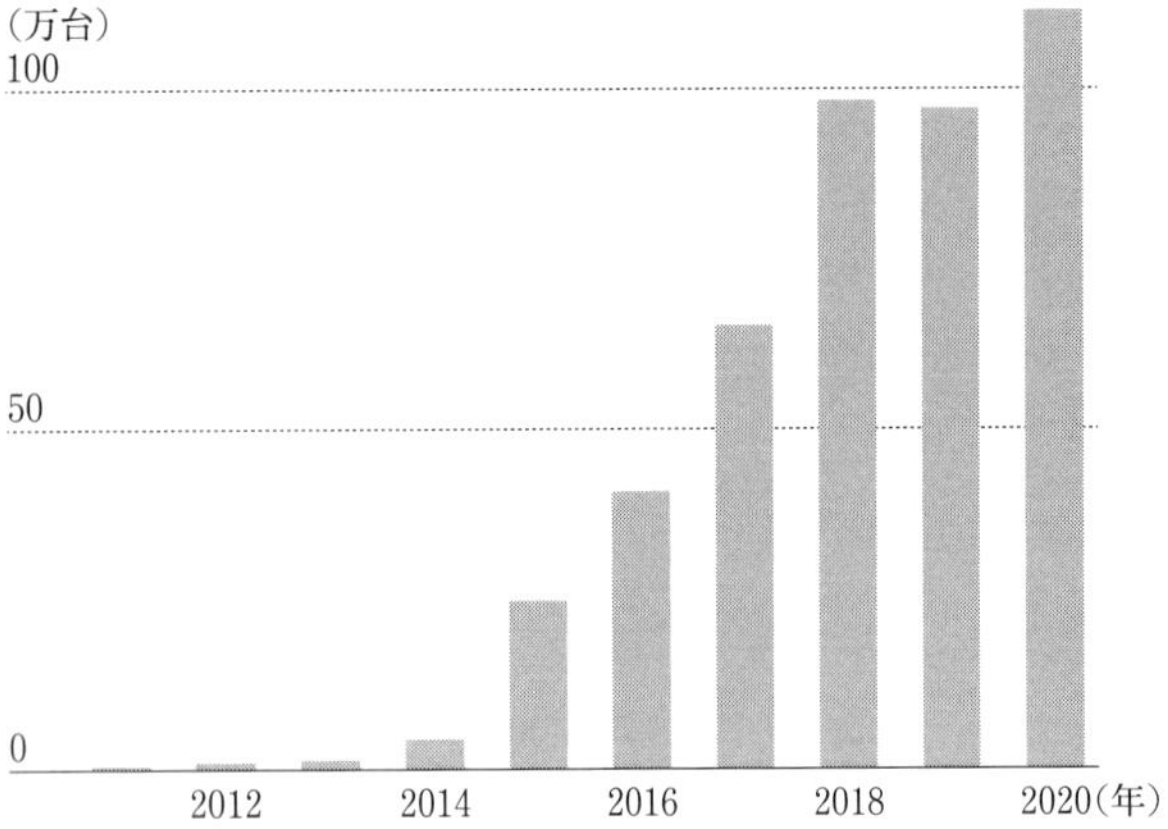

出所：中国汽車工業協会

は、他のどの国よりもEVシフトを本格的に進めている。

転機となったのは、２００９年、政府の4部署が共同で、「十城千両」と呼ばれる計画に署名したことにある。これは、10の大都市でそれぞれ年間１０００台規模の新エネ車（NEV）、つまりプラグインハイブリッド車（PHV）、EV、燃料電池車を走らせるというものだった。その後もEV優遇政策を拡大し、現在は、欧州と同様の平均燃費での規制を導入するとともに、全体の生産台数に応じてEVなどのNEVを製造することが義務化されている。これを達成できない場合は他のメーカーから「クレジット」を買い取ることになる。

この強烈なＥＶ推進の背景にあるのは、「製造強国」に向けた習近平政権の野心といわれる。従来のガソリン車は約3万点の部品を高度にすり合わせることで作られているが、燃費改良を含めた従来型のノウハウでは、中国メーカーはもはや追いつけない。今から日本などが強みを持つエンジンで追いつくよりも、一気にＥＶで飛び越せとばかりに政府主導でシフトを進めた形だ。

製造業全体の底上げを目指す国策「中国製造２０２５」の前文は、次の文言から始まっている。

「製造業は国民経済の基盤であり、国家存立の根本であり、国家振興の神器であり、強国になる基礎である。（中略）国際競争力のある製造業を作り出すことは、中国の総合的な国力を高め、国の安全を保障し、世界における強国を打ち立てるために避けては通れない道である」

国家存立、神器、強国とパワフルなワードが並ぶ、威圧感のある宣言だ。いずれにせよ、国の強烈な後押しもあり、中国ではすでにＥＶメーカーが次々と誕生している。ここでは注目すべき2社を紹介したい。いずれも日本ではあまり知られていない企業だが、すでに米国で上場するなど、世界での注目は確実に高まっている。

まずは、上海蔚来汽車（ＮＩＯ）だ。ＮＩＯは２０１４年に創業すると、中国の巨大ＩＴ企業であるテンセントやバイドゥなどが出資し、一気に「中国版テスラ」として名を挙げた。２０１８年にニューヨーク証券取引所に上場を果たし、時価総額は約８兆円とすでにトヨタ以外の日本車メーカーを優に超えている。

創業者のウィリアム・リーが、ライバルはテスラと公言しているように、その道のりはテスラを彷彿《ほうふつ》とさせる。２０１６年にクーペ型の高級車から始めると、２０１８年から立て続けにＳＵＶ型のＥＶ３車種を投入。販売価格は最安モデルで６００万円と、高級モデルを中心に市場を開拓している。これまでの累計販売台数は10万台とまだ多いわけではないが、その勢いは明らかに加速している。

何よりも中国ならではのスケールの大きさがある。国内でサッカー場１５００個分に相当する面積の産業集積地の建設を開始しており、完成車の組み立てはもちろん、１００ギガワット時規模の電池工場や自動運転の研究設備も備える計画だ。年間生産キャパシティは１００万台と、トヨタの１割にも上り、金額ベースでは８兆５０００億円になる。この計画が軌道に乗れば、中国の激増するＥＶ需要もあいまってさらなる成長は堅いだろう。

そのうえトヨタも進める全固体電池の研究も手掛けるほか、ＥＶの「バッテリー交換」まで取り組むなど、あくなき挑戦を続けている。

　そして、もう1社は上汽通用五菱汽車（ＳＧＭＷ）だ。こちらは米ＧＭや国営の上海汽車など3社の合弁企業だが、２０２０年に投入したＥＶの「宏光 MINI EV」が世界中で話題を呼んでいる。

　この車の最大の特徴は、最安モデルで約48万円という圧倒的な安さだ。２人乗りで航続距離は１２０キロという、用途を限定した設定にすることで電池の価格を抑えた。さらにエアコンも搭載せず、エアバッグが備わっているのは運転席だけという、徹底的に低コストに割り切ったモデルといえる。このＥＶは販売開始から1年足らずで27万台が売れる大ヒットとなり、２０２０年のＥＶ販売台数で、中国でも人気のテスラを上回り国内１位を記録した。

「宏光 MINI EV に乗って、ボンネットを開けてみたら、モーターは洗濯機程度のスペックのものでした」と、実際に試乗した日本の自動車部品大手の関係者は指摘する。確かに、このような割り切りモデルを日本メーカーが投入することは非現実的だ。というのも、すでに自動車メーカーに求められる性能に対する固定化したイメージがあり、メーカー側にもすでに確立されたブランド戦略があるため、実験的なＥＶを世に送り出すリスクを取る

世界のEV販売台数シェア（2019年）

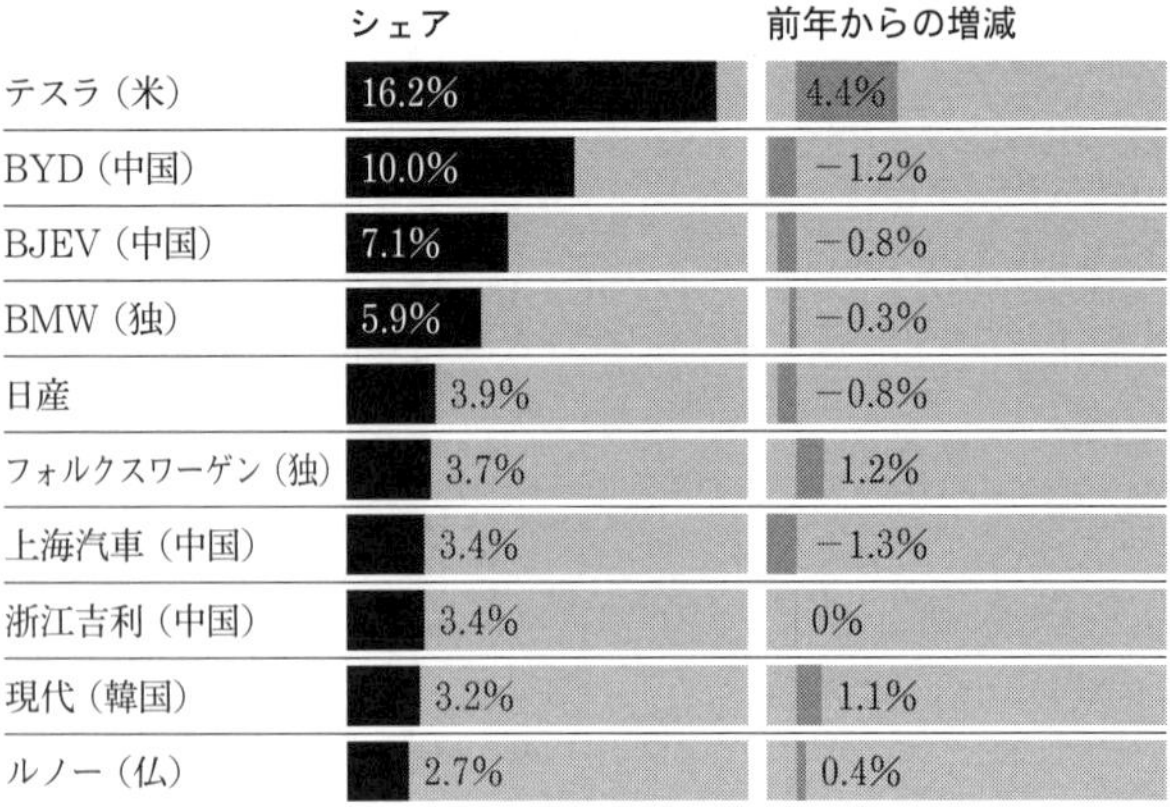

出所：Quartz（qz.com）Data：マッキンゼー

インセンティブが働かないからだ。

だが実は、こうした実験的なモデルこそが、イノベーションを進めるのかも知れない。要は、EVが「できない理由」を探すのではなく、「どうやったらできるか」にスポットライトを当てているからこそ、中国からは48万円のEVや、バッテリー交換という世界のどこもやっていないアイデアが本当に実用化され始めているということだ。

ちなみに中国はEVメーカーだけではなく、EVをめぐるサプライチェーンでも、他国を寄せ付けないレベルを誇っている。例えば、中国最大の電池メーカー、寧徳時代新能源科技（CATL）は車載電池ですでにパナソニックを抜いて首位に立っており、中国生産のテスラに電池を提供している。さらに車載電池世界5位の比亜迪（ＢＹＤ）は、そもそも自社でＥＶも投入する自動車メーカーで、かつてはウォーレン・バフェットが出資したことでも有名になった。

　しかし、中国の真の強みは、実は資源にあるといっていいかもしれない。ＥＶのモーターにはレアアース（希土類の一部）が使われているが、この産出量では中国が全世界の約6割を占める。レアアース鉱山の採掘には環境破壊を伴うが、中国は環境規制が比較的ゆるいことを追い風に産出量を増やしている。さらには、コアパーツである電池に用いるニッケルでも、世界最大の産出地であるインドネシアで中国企業による精錬プロジェクトが相次いで進行している。先述のＣＡＴＬが現地メーカーと合同で電池工場を建設する計画も報じられている。

　レアアースは、その名の通りレアな資源を指す。それだけ確保するのが難しく、日本でも政府が確保に向けた国家戦略を打ち出したほどだ。ＩＴテクノロジーでも米中関係が厳しさを増す中、中国がＥＶをめぐるあらゆる領域で覇権を握るための下地は均《なら》されているといえるかもしれない。

アップルカーが鳴らす号砲

ＥＶをめぐる最新動向として最後に触れておきたいのが、「アップルカー」だ。アップルとはあの iPhone の米アップルである。公式発表こそしていないものの、２０２１年に入り、ＥＶ投入に向けたアップルの具体的な取り組みが世界中のメディアで報じられ始めている。

そもそも、アップルが自動車事業に取り組み始めたのは２０１４年ごろとされる。「タイタン」と名付けられた自動車プロジェクトは極秘とされ、当時から公式発表はないものの、自動車業界のソフトエンジニアらをヘッドハントし１０００人ほどのチームを結成していたという。いくつかの紆余曲折を経た後の２０２０年に入ると、アップルカーの生産に向けて、特にアジアでパートナーを探して接触していることが各国の現地メディアで報じられた。

このアップルの参入は、ＥＶ新時代の号砲といえるかもしれない。なぜなら、ＥＶでは搭載部品の数が従来の自動車の3万点から2万点に減るとされ、今後もさらに構造がシンプル化していく中で、異業種からの参入が進み始めているからだ。アップルが参入するのも、まさに「走る iPhone」という未来が本当に見え始めてきたからに違いない。実際に、アップルだけでなく、アマゾン傘下の米ベンチャーや iPhone の製造を一手に引き受ける台湾の鴻海精密工業もＥＶの製造に名乗りを上げている。

日本からもソニーが２０２０年にコンセプトカー「VISION-S」を発表している。こちらは市販の予定はないというものの、異業種からのハードルが下がり始めたという点では象徴的だ。

これまでは自動車メーカーが膨大な数のパーツを組み合わせて性能を出す「すり合わせ」が自動車業界の主流だった。しかしＥＶ化によって、自動車部品は電池やモーターなどといった機能ごとにモジュール化していく。これはつまりデジタル製品のように、モジュールの組み合わせで動く部分が徐々に増えていくということだ。アップルのようにデジタルデバイスに強いメーカーにとって、これまではあり得なかった千載一遇のチャンスといえる。

２０３０年、２０５０年に向けたＥＶ化への号砲が本格的に鳴り響く中、10年後には、自動車業界の地図が大きく塗り替わっていても不思議はない。

第五章　気候変動とイノベーション

牛のゲップを止めろ

「Impossible（インポッシブル）」と「Beyond（ビヨンド）」。

アメリカのスーパーやファストフード店に行くと、必ずと言っていいほどこの2つの単語を見かける。しかしこれは何かが「不可能（Impossible）」であるとか、「超えている（Beyond）」というわけではない。これらは、アメリカの特に若い層において、当然のように消費されている「植物肉」の二大メーカーの名前なのである。

「インポッシブル・バーガー」と「ビヨンド・ミート」という2つの企業は、米国における気候変動対策を語る上で欠かせない存在だ。その背景には、今、世界の温暖化対策において、「牛」の存在がトップイシューの一つになっていることがある。統計ごとに違いはあるものの、世界の温室効果ガス排出において、農業が占める割合は19％に上る。CO_2排出と聞いて多くの人が思い浮かべる電力は実際には27％にとどまっており、本気でカーボンニュートラルを達成するためには、他の産業セクターでの抜本的な削減が必須なのだ。

そこで、俎上《そじょう》に上がるのが「牛」である。というのは、世界で約10億頭はいるといわれ

世界の温室効果ガス排出の内訳

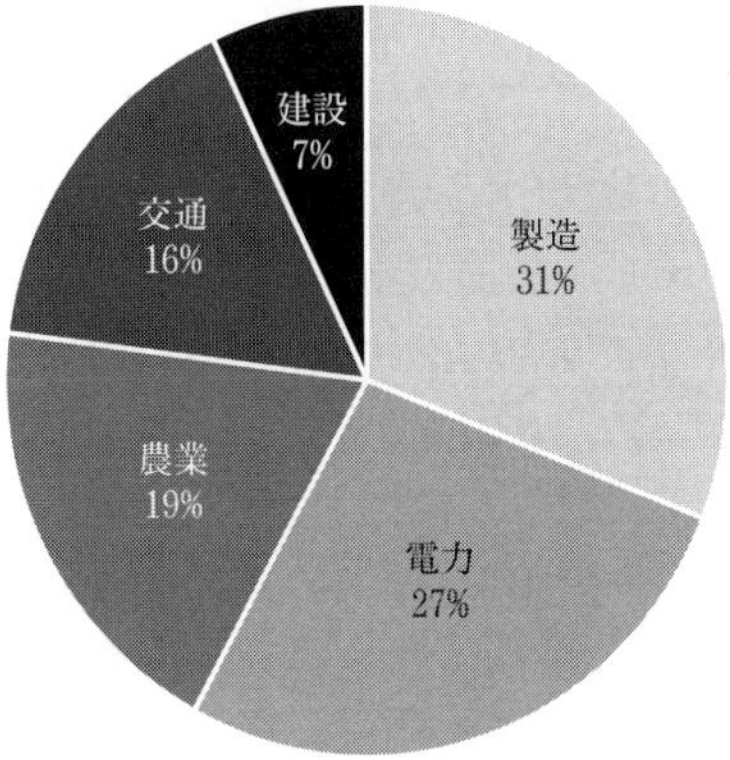

※ CO_2 換算の排出量
出所：Rhodium Group

る酪農用の牛から、CO_2換算で、約20億トン分の温室効果ガスが排出されているからだ。人間活動で排出された520億トンのうち、実に4％近くにもなる。これは、牛が「ゲップ」や「オナラ」を通じて排出している。

　しかもやっかいなのが、牛が排出するのは「メタン」であることだ。世界の温室効果ガスの排出はCO_2で換算されることが多いが、メタンが持つ温室効果は、CO_2と比べ物にならないほど大きい。大気反応が早く短期の温暖化を引き起こす上に、100年間で比較したときの温暖化効果が28倍、20年間では約84倍にもなるという。逆に言えば、大気寿命が約10年と短いメタンを抑えれば、温暖化の抑止に即効性があるということでもある。

そこで登場したのが、冒頭の「インポッシブル」と「ビヨンド」なのである。ともに2010年前後に創業し、牛肉の代わりに、豆やココナッツ、じゃがいもなどを使った「植物肉（英語ではPlant-based meatと呼ばれる）」で一気に台頭してきた。

インポッシブルが提供する「インポッシブル・バーガー」は2019年から全米各地のバーガーキングで販売されているほか、「ビヨンド・ミート」もホールフーズやウォルマートなどの小売店で展開されている。ビヨンドは2019年に上場して、時価総額約1兆円を誇るほか、インポッシブルも2021年の上場が報道されている。

日本で「植物肉」と聞くと、動物愛護やビーガン、ベジタリアンを思い浮かべるかもしれないが、両者の人気に火がついた一番の要因は間違いなく気候変動である。これは筆者が痛感する日本と米国の最も異なる部分の一つだが、米国都市部のミレニアル世代以下の若者は「自分たちも環境問題には責任がある」と公言して、当たり前のように植物肉を食べている（その文脈で'Tofu'＝豆腐が注目されているのも興味深い）。牛肉も食べるのだが、少なくとも徐々に減らして環境に良い肉に代えていこうという「フレキシタリアン」は、ニューヨークの若者では全く珍しくない。

各国の代替肉市場（2018年）

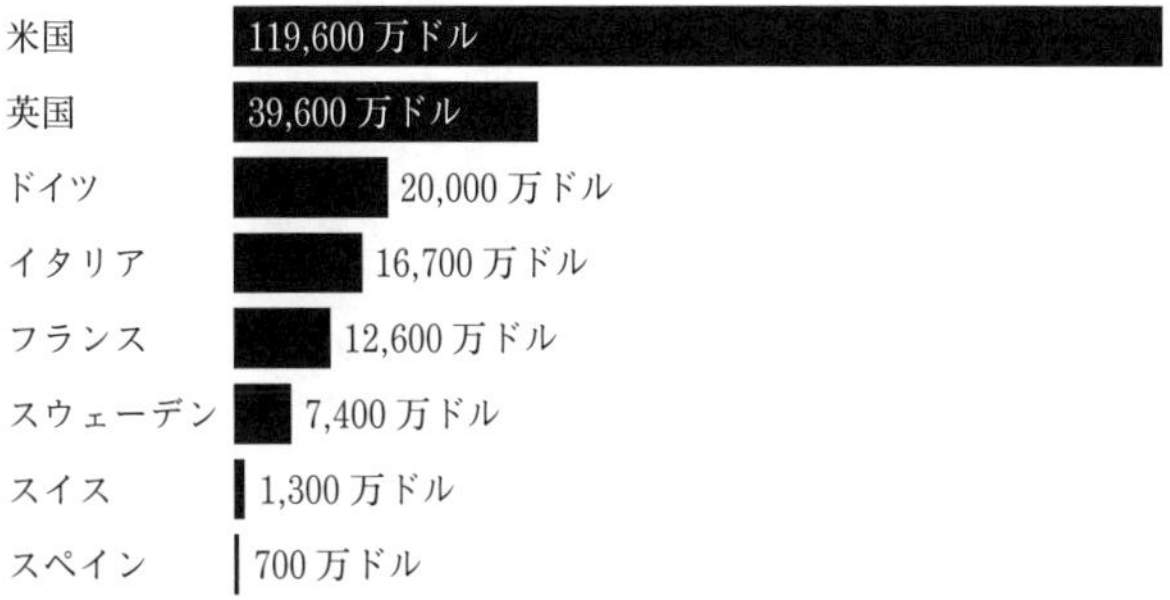

出所：Barclays, Euromonitor

特にインポッシブルはそもそも創業の経緯が、スタンフォード大学教授（生物化学）であるパトリック・ブラウンが２００９年の休暇中に、気候変動問題と食料システムこそが喫緊の課題だと確信を深め、自ら起業にまで踏み込んだことがきっかけだった。ビヨンドも、従来の牛肉と比べ、温室効果ガス、水、土地の使用をそれぞれ90％以上抑えられるとミシガン大学からお墨付きをもらっている。そこに、マイクロソフトの創業者であり、この10年で気候変動の大家とも言える立ち位置になったビル・ゲイツが、ビヨンドとインポッシブルの両方に投資したことで、さらに普及が加速することになった。

ビル・ゲイツは２０２１年２月のインタビューで、植物肉に対してこう述べている。

「インポッシブルとビヨンドは、味、品質とコストの面で、すでに完全な競争力を有しています。現在の規模としては、世界の食肉の１％にも達していませんが、間違いなく普及していくでしょう。最貧国の80カ国が（植物肉を含む）人工肉を食べるということはありませんが、豊かな国はすべて１００％合成牛肉に移行すべきだと思います。味の違いには慣れますし、時間が経てばさらに美味しくなると謳っているわけですから」

ちなみに植物肉では、大豆の発芽をコントロールする独自技術をもつＤＡＩＺという企業もあり、米国進出を果たしたところだ。

さらに植物肉を超えて、「細胞培養肉」の研究開発も盛り上がっている。こちらは植物さえ使わず、牛、豚、鶏、七面鳥などの動物から細胞を採取し、それをある環境で培養することで、脂肪や筋肉の組織に成長させるものだ。植物肉などは「フェイクミート」と呼ばれることがあるが、こちらは人工ではあるものの、本当の肉ということになる。植物肉の原料の一つである大豆が、南米アマゾンなどで森林伐採を引き起こしていることを考えると、培養肉はさらに気候変動への貢献度が高いといえるかもしれない。

米国のネットメディアQuartz（クオーツ）によると、細胞培養肉のスタートアップは世界全体で40社前後あるという。シリコンバレーのMemphis Meats（メンフィス・ミーツ）やイスラエルのFuture Meat Technologies（フューチャー・ミート）などが順調な資金調達を実施しているが、まだコストが高く、現状で市場には投入されていない。ただ2020年12月、サンフランシスコのEat Just（イート・ジャスト）が鶏の培養肉に植物性タンパク質を混ぜた製品で、世界で初めてシンガポールでの販売許可を獲得しており、ようやく消費者へ届く道筋が見え始めている。

品切れ続出、北欧発オートリー

牛に関連した食品で我々の食卓を彩るのは、ご存知の通り、牛肉だけではない。もう一つ人間の生活に欠かせない食品となっているのが、もちろん「牛乳」である。ご多分に漏れず、この領域でも今、気候変動の観点からの関心が高まっており、牛を代替する新たなテクノロジーをめがけて世界のマネーが押し寄せている。

その象徴が、2021年5月の「オートリー（Oatly）」の上場だった。オートリーとは、植物性の「オーツミルク（えん麦性ミルク）」を展開するスウェーデン発のメーカーであり、米ニューヨーク市場に上場すると、いきなり時価総額1・5兆円を記録した。これは

プラントベース食の販売規模（2020年）

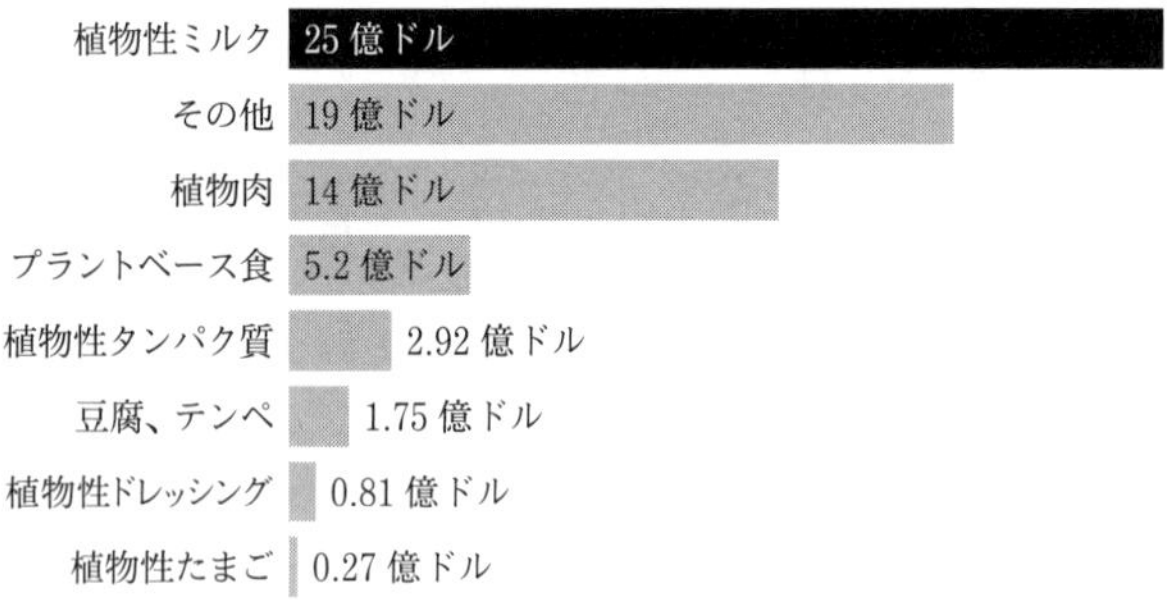

出所：SPINSなど

先述のビヨンド・ミートの1・5倍に当たる価格であり、実はメディアで話題になることが多い植物肉より、植物性ミルクの市場の方が成熟していることを示している。

　米レポートによると、植物性ミルクだけで、植物性食品全体の35％を占めており、植物肉の14億ドルを上回る25億ドルに上るという。さらに植物性ミルクは、スーパーなど小売店でも乳製品の大きな割合を占めるようになっており、小売店全体では15％、自然食品店では45％の棚を押さえている。メインストリームになり始めたと言っていいだろう。もともと米国ではスーパーに並ぶミルクの種類が日本と比べものにならないほど多く、通常の牛乳に加え、複数の低脂肪ミルク、豆乳、アーモンドミルクがすでにひしめき合っていたところに、オートリーをはじめとするオーツミルクが一気に食い込んできているのだ。

「我々の狙いは、世界最大の産業のひとつである『乳製品』の業界を破壊し、その過程でフードシステムの新たな道を切り開くことです。我々は、人と地球にとってより良いフードシステムを実現するための大胆なビジョンを描いています」。オートリーのトニー・ピーターソンＣＥＯは上場時に提出する目論見書で、既存の乳製品業界への挑戦を明言している。オートリーによると、牛乳と比べ１リットル当たりで温室効果ガス排出量を約80%、土地使用を79%、エネルギー消費を60%削減することができるとしている。

ただ、実はオートリーは、新興のスタートアップではない。もともとは１９９４年にスウェーデンの科学者であるリカルド・エステが、乳糖不耐症の研究を進める中で乳製品の代替品を開発し、弟のビョルンとともに同国第３の都市マルメで創業した。しかし、２０１２年に先述のピーターソンがＣＥＯに就任してから、気候変動への関心の高まりを背景に、マーケティング面で一気に世界に攻勢をかけ始める。「It's Like Milk, But Made for Humans（ミルクのようですが、人間のための製品です）」などと刺激的なスローガンを掲げ、これまでの乳製品にはなかった奇抜でクールなデザインが欧州、そして米国のミレニアル世代らに人気を博し始める。

米国でのオーツミルク販売額の推移

出所：Nielsen IQよりQuartz作成

特に人気に火をつけたのは、コーヒーとの相性だった。そのクリーミーな味わいを武器に、カフェのバリスタなどにまず使用されるようになり、それが一般消費者にも広がっていった。筆者も米国に赴任した翌日、友人の勧めで半信半疑でコーヒーに入れてみたのだが、予想外のまろやかさに驚いたものだ。

米国には２０１６年に進出すると、ゼロからオーツミルクの市場を立ち上げ、今や植物性ミルクのシェアでアーモンドミルクに次ぐ２位になっている。さらに、２０２１年３月にはスターバックスが全米約１万５０００店舗でオートリー商品を展開するまでになった。

加えて、誰もが知る著名人がお金をつぎ込んだことも人気の背景にある。女優のナタリー・ポートマン、人気司会者のオプラ・ウィンフリー、ラッパーのＪａｙ－Ｚの企業、さらにはスターバックス元ＣＥＯのハワード・シュルツまでが投資家リストに名を連ねている。世界での売上高は２０１９年に２億ドル

（約２２０億円）に達し、前年と比べて82％伸びており、２０２０年はさらに売上高が２倍になると見込んでいる。

今やスタバの全国展開もあって品切れがニュースになるほどで、「もはやオートリーはヒップ（意識が高い人たちのみの流行）にとどまらず、ベーシックへと一線を越えた」と米メディアは指摘している。

しかし、従来の乳製品企業を敵視する戦略は一方で大きな逆風も生んでいる。スウェーデン酪農協会は「オートリーのマーケティングは、牛乳が不健康であるような誤解を与えている」とオートリーを訴え、２０１５年にオートリーが敗訴した。２０１７年には、欧州司法裁判所も同様の判決を下しており、オートリーは自社製品について「ミルク」「ヨーグルト」と表示することができなくなっている。現状でも裁判での攻防が続くほか、乳製品の巨人であるネスレが自社の植物性ミルク「Wunda」を投入するなど、市場全体の競争も激しくなっている。

もう一つ、オートリーをめぐって議論を呼んでいるのは、中国との関係だ。オートリーの株式の過半を握る最大株主は、ベルギーの投資会社Verlinvest（ヴァールインベスト）と中国の資源企業である華潤創業（チャイナ・リソース）の合弁会社である。２０１６年のこの投資によって、オートリーは欧州から、米国、さらに中国市場へと進出を加速しており、アジア市場では年率４５０％のペースで成長を記録している。中国のスターバックスでも取り扱いが始まっているほどだが、米中〝冷戦〟の行方によっては、米国での展開が危うくなるほか、華潤が株式を売却しなければいけない可能性もある。オートリーは、そうした問題が発生したときには「香港での再上場を目指す」としている。

そんなオートリーはまだ日本には上陸していない。元ヤクルト、西武のプロ野球選手だった米野智人が手掛ける企業が本格輸入を模索しているが、NewsPicksの取材によると、まだ交渉は大きくは進んでいないようだ。とはいえ、世界がカーボンニュートラルへと突き進む中では、日本でも「牛」の分野での大きなシフトがいずれやってくるのは避けられないだろう。

「水素は国家なり」

「鉄は国家なり」

19世紀、プロイセン（現ドイツ）の宰相だったビスマルクの演説を基に生まれたこの言葉が示す通り、鉄鋼は世界の近代化の根幹をなしてきた。日本でも鉄鋼業といえば、財界総理といわれる経団連会長を多数輩出してきた一大産業である。しかし21世紀に入り、世界が気候変動対策へと動く中、20世紀の世界を支えてきた鉄は、カーボンニュートラルに立ちはだかる一大ハードルとなっている。

まず産業セクター別の温室効果ガス排出量において、製造業が占める割合は電力を超える31％に上っている。なかでも、自動車を始め多くの産業に必要とされる鉄鋼は、建設業に必須のセメント、そして先ほどの農業と並び、排出量が巨大であるにもかかわらず、「一番脱炭素が難しい3つの産業」（ビル・ゲイツ）とされているのだ。もちろん日本でも、２０１８年度のエネルギー関連のCO_2排出量10億６０００万トンのうち、鉄鋼業の排出量は約１億５９００万トンと産業界でダントツの１位になっている。

鉄は昔から、鉄鉱石を原料に、「高炉」と呼ばれる設備に石炭を蒸し焼きにしたコークスを還元剤として投入することで製造されてきた。しかしコークスは、第二章でも見てきたようにいわば炭素の塊であり、これが酸素と結びつくことで大量のCO_2が発生する。１トン当たりの粗鋼が排出するCO_2は１・85トン（２０１８年時点）とされ、世界鉄鋼協会によると、これは世界のCO_2排出量の約８％に相当する。

第三章では、日本の5大商社による石炭火力発電からの撤退を取り上げた。現在世界では発電向けの石炭（一般炭）からの撤退は進んでいるものの、実は製鉄に用いられる「原料炭」では、一部資源大手が撤退を進めているだけで、それほど大きな動きにはなっていない。これは鉄鋼業において、高炉を代替するテクノロジーがまだ確立していないからだ。

「原料炭事業は、高炉法という製鉄法がいつまで比較優位にあるか、現在、年に18・6億トンある世界の粗鋼生産量がどう推移するかに大きく左右されます。現時点では、高炉法を完全に置き換えるテクノロジーは完成していません。まだ20年ほどは製鉄方法の主流は変わらないとみていますが、技術に焦点が当たり、知恵とお金が集まったときに、新しいイノベーションが起きるのかは注視しなければなりません」。三井物産の安永竜夫会長はNewsPicks の取材に対し、こう語っている。

とはいえ、世界がカーボンニュートラルを実現するためには、この高炉の脱炭素にも手をつけないといけない。実際、日本トップの日本製鉄も2050年のカーボンニュートラルを宣言しており、橋本英二社長は「日本は、大型化や省エネ化で世界最高効率の製鉄プロセスを構築してきたが、残念ながら現状はCO_2を出さざるを得ない。革新技術がどうしても必要で、ゼロからのスタートとなる」と話している（参照：ニューススイッチ202

1年1月4日)。

可能性のある技術の一つは鉄くずなどを「電炉」を使ってリサイクルする方法で、こちらは排出量が高炉の4分の1に抑えられるため、まず最初の道として注目されている。だが、本当にネットゼロを目指すとなると、それでも足りないということになる。

そこでカギを握るのが、水素だ。石炭の代わりに、水素を還元剤として用いる「水素還元製鉄」と言われる方法である。実は水素には、天然ガスなど化石燃料から作られたグレー水素、その過程でCO_2を回収するブルー水素、さらに再エネ100%で作られるグリーン水素がある。このグリーン水素を還元剤に使えば、理論上は排出ゼロの鉄が作れるとされているのだ。しかし、グリーン水素自体の供給にメドがたっていないほか、加熱や通気など製鉄の技術面でも課題が山積しているのが現状だ。

ご多分に漏れず、この水素還元製鉄でも先行しているのは欧州であり、スウェーデンやオーストリアの企業に加え、最大手のアルセロール・ミタル(ルクセンブルク)が実用化を進めている。日本でも日本製鉄が千葉県君津市の高炉で試験を進めていて、すでにCO_2の排出量を1割減らした。現時点では、コスト面でも実用化でも「夢の技術」の域を超えないとはいえ、カーボンニュートラルには不可欠なテクノロジーである。

そもそも水素は、カーボンニュートラルで最も注目されている元素の一つである。日本も2015年前後に国家戦略として力を入れたタイミングがあったが、当時はトヨタの「燃料電池車」を軸にしたものだった。その後もたついている間に欧州が2020年になって「クライメートニュートラルに向けた水素戦略」に50兆円を投じることを発表した。これは、再エネ用にグリーン水素を製造し、自動車や製鉄、さらには航空機の燃料まであらゆる領域に水素を張り巡らせる計画だ。

つまり、水素還元を本当に実現させるのであれば、製鉄業だけでなく、日本の産業全体で水素に取り組まないといけない、ということだ。こうした大きなビジョンの策定は、日本が一番弱い分野の一つだ。そもそもグリーン水素は、再エネが大きく余る国での製造が適しており、それを運ぶための手段も確立していない。日本鉄鋼連盟の会長も務める日本製鉄の橋本社長は「粗鋼生産だけでも現状の国内供給量とはケタ違いに多い水素が必要になる。政府には脱炭素に伴う研究開発と設備更新への支援をお願いしたい」とメディアのインタビューに答えている。

今やメディアでは、2050年までには日本に現在24基ある高炉の大半がなくなるとの見方も珍しくなくなってきた。「鉄と国家」は過去のモノになるのか。その行く先はまだ見えていない。

空気から炭素を取り出せ

もう一つの難所が、先述のセメントだ。

調査によって異なるが、こちらは世界のCO_2排出量の約８％を占めるとされている。世界では毎年、エンパイアステートビル約１・５万棟分に相当する41億トンのセメントが生産されているが、製造プロセスの問題もあって、CO_2の削減は極めて難しい。

セメントはコンクリートの主原料として主に用いられるが、その主成分がクリンカーと呼ばれる塊である。クリンカーは化石燃料を燃やして、石灰石を含んだ岩石を約１４５０℃で加熱することで作られる。このときに、燃料と石灰石の両方からCO_2を排出するが、約3分の2が石灰石から出るものだ。燃料側は石炭をバイオマスなどに代替する方向で進んでいるが、石灰石はそもそもの主原料のため代替が難しいというのが、ハードルが高いとされる理由だ。

クリンカー側の削減方法としては、クリンカー自体の割合を減らすか、コンクリートに含まれるセメントを全体的に減らすしか道がない。一方で途上国において、コンクリートを用いた建造物は現代化に必須だ。２０５０年までに世界のセメントの生産は12～23％増えるとみられており、そもそもの使用量を減らすにしても限界がある。

　すると、ネットゼロの達成には、発生するCO_2を回収するしかない。そこで、セメント世界最大手、スイスのラファージュホルシムは、20にも上る炭素回収や貯蔵のプロジェクトに参画している。ドイツやフランス、米国などで、工場から出るCO_2を回収して貯蔵する方法など、国によって異なるさまざまな技術を試しているという。

　このほか、米カリフォルニア大学ロサンゼルス校（ＵＣＬＡ）の研究者が立ち上げたカーボン・ビルト（CarbonBuilt）が、セメントのほか、石炭火力発電など産業界から排出されるCO_2をコスト効率よくコンクリートに注入し、従来のコンクリートと比較して排出量を50％以上削減する技術を開発して、米国で賞金を獲得するなど注目されている。同様の技術ではビル・ゲイツが出資するカーボン・キュア（CarbonCure）も期待を集めている。

　とはいえ、炭素を回収・貯留する技術というのは、いうまでもなくあらゆる産業分野が欲しがるテクノロジーだ。石油メジャーのエクソン・モービルも２０２１年４月、メキシコ湾沖の地層に何億トンものCO_2を貯留する１０００億ドル（約11兆円）のプロジェクトを提案したほか、米テスラのＣＥＯイーロン・マスクが同月から約1億ドル（約１１０億円）を拠出し、炭素回収の技術コンテストを開いている。

「カーボンニュートラルではなく、カーボンネガティブを目指さなければならない。これは理屈だけのコンテストではない。どんな形であっても、ギガトン級のインパクトをもたらす本物のシステムを構築するチームを求めています。時間は残されていません」。マスクはコンテストに際し、こう意義を語っている。

　ちなみにややこしいのだが、炭素回収にはいくつかの手法がある。まず分かりやすいのが、工場などで発生したCO_2を回収し、地中に埋め込む技術で、これはＣＣＳ（炭素回収貯留）といわれる。さらにＣＣＵやＣＣＵＳと呼ばれる手法もあり、これは地中に埋めるだけでなく、回収したCO_2を油田や溶接、ドライアイスなどに「利用（Utilization）」することが含まれている。さらには大気中のCO_2を取り込む「直接空気回収（ＤＡＣ）」と呼ばれる手法もある。

　いずれの手法も、まだコスト面では実用化に遠いが、マスクや、第三章で取り上げたマイクロソフトやアマゾンに加え、石油業界からもマネーが集まってきたことで、イノベーションが加速するかもしれない。

一つ注目されているのが、米シリコンバレーのチャーム・インダストリアル（Charm Industrial）というスタートアップが進める炭素除去の技術だ。チャームの技術は、植物などのバイオマスをオイル状の物質に変換し、その物質を地下に封じ込めることで、CO_2を１０００年以上にわたって隔離することができるという。さらに将来的には、そのバイオマス由来のオイル状物質を使って「グリーン水素」を生産することを狙っている。すでにマイクロソフトのほか、オンラインショップのテクノロジーで知られるショッピファイ（Shopify）などが技術を検証しており、２０２１年3月の時価総額10兆円と米国最大のスタートアップとして知られる金融決済業のストライプ（Stripe）が実際にこの技術の顧客となって、４１６トン相当のCO_2を大気中から除去したという。

ストライプは２０１９年に発表した「ネガティブ・エミッション・コミットメント」で、大気中のCO_2を直接除去し、地中の安全な層に隔離するため、「何があっても年間最低１００万ドル（約1億円）を支払う」ことを公言していた。これによってCO_2除去の市場を作り出すことを支援するのが狙いだが、２０２０年5月には24件の応募から4件を選び、その一つがチャームだったという。ちなみにストライプは２０２１年2月には、第三章でも取り上げた気候変動対策における金融システムの大家であるマーク・カーニーを社外取締役に迎えている。

電力で仮に排出量ゼロが実現できたとしても、本章で見てきたように農業、鉄鋼やセメントなどの業界でゼロを実現するのは至難の業だ。この30年で、炭素回収・貯留に加え、大気中からの炭素除去の技術がどこまで確立できるかは、２０５０年カーボンニュートラルを宣言している世界の各国にとって、その運命を決めるカギとなるだろう。

ゲイツと次世代原発

「『ナトリウム』は、エネルギー業界のゲームチェンジャーになるはずです」

２０２１年６月２日、マイクロソフト創業者のビル・ゲイツは、自らが会長を務める原発ベンチャー「テラパワー（Terra Power）」のオンライン記者会見に臨み、こう力強く語った。「ナトリウム」とは、テラパワーが手掛ける新型原発の名前であり、この日初めて米中西部のワイオミング州での建設が決まった。この発表は、ゲイツの盟友ウォーレン・バフェットの投資ファンド、米バークシャー・ハサウェイの傘下企業が原子炉建設を担うこともあって、ビリオネア（億万長者）2人による原発建設として、メディアにも大きく取り上げられた。

　ゲイツは、本章で見てきたような気候変動をめぐるあらゆる分野のイノベーションに投資をしているが、ことテラパワーに関しては、自らが会長になるほど入れ込んでいる。その背景には、原発がCO_2を排出しないという意味では「クリーン」な電源であることと、本命のイノベーションである蓄電池の進化には、かなりの時間がかかるということがある。

「再生可能エネルギーのコストは驚くほど下がっています。ですが、再エネには、発電場所が電力の消費地から非常に離れていることが多いという問題点があります。電気は、何よりも信頼性が非常に重要です。中西部を寒冷前線が通過し、風力発電や太陽光発電がすべて停止したとしても、人々は家に熱を求めます。そのためには、原子力のような環境に優しく、いつでも利用できる電力源が必要になります。そうでなければ、現在の100倍の電力を貯蔵する蓄電池という、あり得ないレベルの奇跡が必要になります」と、ゲイツは米ニューヨーク・タイムズ紙のインタビューで語っている。

　そして重要なのは、ゲイツは原発を推しているが、それはあくまで新型の原発であって、旧型のものではないということだ。第一章で紹介したとおり、ゲイツは「現在の原子炉は非常に高価で、高圧であるため、安全システムは非常に複雑」と指摘しており、だからこそテラパワーで新世代の原発をゼロから開発しているのだという。

では、この新型原発「ナトリウム」とは一体どんなものなのか。まず、その発電能力は35万キロワット程度と、１００万キロワット程度がメインの従来の原発と比べると小さいことが分かる。そのかわりに原子炉に、溶融塩エネルギー貯蔵システムが装備されることになっており、これを活用すれば、出力を5時間半にわたって50万キロワットまで引き上げられるという。

もう一つの特徴は燃料だ。「ナトリウム」でもウランを燃料にすることは従来の原発と同じなのだが、その濃縮度が5~20%と従来の5%より高いものを用いる予定だ。ウランは濃度が低いほど使用後の放射性廃棄物の量も増えることが知られており、テラパワーは高濃度化によりウランの使用量を減らすことで、出るゴミの量も少なくする狙いだ。

そして、３つ目の特徴が冷却方法だ。従来の原発では原子炉の冷却に水を用いていたが、ここにナトリウムを使うのが、その名前の所以《ゆえん》になっている。例えば、２０１１年の福島第一原発の事故では水素爆発によって周辺に汚染物質がまき散らされたが、その直接の原因は、原子炉建屋の中に水素が充満し、圧力鍋のような状態になったことだった。テラパワーはここに、水素も作らず、沸点の高いナトリウムを使うことで、水素爆発を起こす危険性の低減を狙っている。

最後が「簡素化」だ。先述のように、ゲイツは原発の設計の古さや複雑さを問題視していて、これがヒューマンエラーを起こす原因だとみている。このため、テラパワーでは原子炉とそれ以外の設備をできる限り分離して、別々の建物に収容する。こうすることで一つひとつの設備を簡素化し、使用するコンクリートの量をも従来の原発よりも80％減少させるとしている。

「ナトリウム」は約7年の建設期間を経て、最終的には2030年代の運転開始を目指すという。ワイオミング州の知事は「これは我々がカーボンネガティブを目指すための最短ルートです。原発が我々のエネルギーに関するあらゆる戦略の一部であることは明らかです」と話している。

世界がカーボンニュートラルに向かう中で、原発をめぐる評価は今揺れ動いている。かつて原発に使われた「ダーティー」という言葉は、今や大量のCO_2を発生させる石炭火力を表す言葉となり、CO_2を排出しない原発に「クリーン」という言葉が用いられるようにさえなった。欧州では、再エネと原発の組み合わせでネットゼロを達成する国も多く、福島事故後の脱原発政策でしばらく石炭火力への依存度を高めたドイツを批判する声まで出ているのは先述の通りだ。

その是非はさておき、原発が一つの論点に躍り出たことは間違いない。だが、２０００年代の原子力ルネッサンスと異なるのは、福島事故の教訓から、ゲイツのように「新型原発」を開発する動きが広がっていることだ。

現在、世界中の50社以上が原発のアップデートに挑んでいるとされるが、なかでも最新のトレンドはＳＭＲ（Small Modular Reactor）と呼ばれる「小型原発」だ。これまで原発は大規模発電を担う電源として世界的に巨大化する傾向が続いていたが、ＳＭＲでは発電容量が30万キロワット以下と、従来型の３分の１程度なのが一番の特徴だ。

これは、原子炉のサイズも大幅に縮小することになり、製造方法に変革が起きることを意味する。従来の原発が大規模な建設会社を巻き込まなければならなかったのに対し、ＳＭＲは工場で作られ、現地では据え付けなどの簡単な工事が行われるだけで済む。こうすることで工期を大幅に短縮し、コストカットを実現するというのがＳＭＲのコンセプトだ。一方で、従来の原発と同じレベルの出力を確保したい場合は、ＳＭＲを複数基集めて発電すればよいということになり、実際に１カ所に10基以上のＳＭＲを据え付ける計画まで登場している。

現在、このＳＭＲの競争で最先端をいくのが米国のニュースケール（NuScale Power）社だ。ニュースケールの原発は１基７・７万キロワットと、テラパワーの５分の１程度の小ささだ。発電時には原子炉そのものをプールに沈めることを計画しており、万が一事故が起きて電源を喪失した場合にも、安全に運転停止できるようにしているという。

ニュースケールのホセ・レイエス副社長はNewsPicksの取材に対し、「ニュースケールの製品設計には福島原発事故の教訓が十分に生かされています。仮に同じような事態が生じても、原子炉や周辺の市民の方々に安全上の影響はありません。当社の技術は、業界でも他に類を見ない安全性を備えていると言えます」と強調している。

ニュースケールは２０２０年８月、アメリカ原子力規制委員会（ＮＲＣ）の安全審査を終え、型式認証を受けている。ＳＭＲで認証を受けるのはこれが初めてであり、２０２９年にはアイダホ州で12基の原子炉の運転を開始する予定だ。ゲイツのテラパワーの「ナトリウム」も運転開始が２０３０年代とみられているため、２０３０年前後から、徐々に新型原発が稼働し始める可能性があるということになる。

第六章　Z世代と資本主義の「次」

「本命」はバイデンではない

「Settle for Biden（バイデンで決着させよう）」

２０２０年10月、米国の大統領選を追っていた筆者が、ニューヨークの若者たちから幾度も聞かされた言葉がこれだった。ご存知の通りこの米大統領選は、共和党のトランプ前大統領と民主党のバイデン現大統領で争われていたもので、その激しい主張の分断から日本でも大きく報道された。ただ実は、ニューヨーク州というブルーステート（民主党支持者が多い州）の中でも、ことミレニアル世代（１９８１〜１９９６年生まれ）以下の若者たちにフォーカスすると、全く別の構図が浮き彫りになっていた。

上記の「Settle for Biden」という言葉の裏側には、自分が支持する人物は本当は別にいる、というニューヨークの若者たちにおける強い共通認識がうかがえる。その若者たちの「本命」とは、バイデンと同じ民主党のバーニー・サンダース上院議員だった。サンダースは、大統領選に先立つ民主党予備選の序盤戦ではバイデンを大きくリードしていたのだが、その快進撃を支えていたのが都市部の若者たちだった。予備選序盤の２０２０年２

月時点での世論調査を見ると、30歳未満の民主党支持者において実に60％がサンダース議員、もしくは主張の近い左派のエリザベス・ウォーレン上院議員を支持していた。別の調査では、35歳の有権者のうち、サンダース支持層が53％で、3％にとどまったバイデンを圧倒的にリードしていたほどだ。

その後、民主党の中道派が候補者を集約していくなかで、候補はバイデンに一本化されるのだが、それでも若者たちにとってサンダースが「本命」であること自体には全く変化がなかった。筆者は大統領選に際し、今回初めて投票するZ世代（1997年以降生まれ）の若者たちをかなり取材したが、街頭で20人ほどの若者たちにランダムに話を聞いたなかで、約8割がサンダース議員の支持者だった。

もちろんサンプル数としては参考レベルであり、ニューヨーク市という民主党の牙城での取材であることも考慮しないといけないものの、実際生の声としてここまで熱烈にサンダース支持の声を聞いた時には少なからぬ衝撃を覚えた。

そして、彼らがキーワードのように口にしていたのが、「Settle for Biden」だった。彼らの口からは「本当はバーニーの政策が良いに決まっているけど、まだアメリカにとって、バーニーは早すぎるのかもしれない」「今回はバイデンに投票したけど、バーニーの政策を実現していくための橋渡しと考えている」といった言葉が当然のように飛び出した。つまり、このスローガンの背景には、「みんなバーニー支持なのはわかるけど、今回はなんとかバイデンで落ち着かせよう」という暗黙の了解が含まれているのだ。

これはトランプ大統領を生んだ２０１６年の反省でもある。２０１６年の予備選の時点でもサンダース議員は若者から大きな支持を得ていたが、結局民主党の大統領候補がヒラリー・クリントンになるなかで、本選でサンダース支持者たちはヒラリー支持で結束できず、結果的にトランプを勝利させる一因になってしまったという経緯がある（一部のサンダース支持者は、トランプ支持に回ったという調査結果まである）。

そうした過去の反省もあって、サンダース議員自身を含めて、トランプを打ち負かすための唯一の道として、バイデン支持での結束を訴えかけていたのだ。「バイデンも、トランプも、自分たちの言葉を代弁してくれているとは思わないけど、それでも『マシな敵』に投票したほうがいいと思った。まだバイデンだったら、我々の要求を強く押し出していけば政策に反映させられるはずだからね」。ニューヨーク市で左派の地域政党を支持する25歳の女性は、バイデンに投票した理由をこう述べていた。

かくして、２０２１年１月にバイデン大統領が登場したのは、誰もが知る通りだ。だが重要なのは、特にバイデンが強く押し出している気候政策は、明らかにサンダース議員、そしてその背後にいる熱烈な若者たちのこうした影響を受けたものだということだ。

バイデン大統領自身は、古くからの民主党を代表する「中道派」の立ち位置だが、大統領就任後は明らかに左派を意識した政策を次々と打ち出している。実際、バイデンが就任後に発表した巨額の経済対策をめぐっては、サンダース議員が「１９６０年代以降に成立した最も重要な法案」と称賛したほどで、メディアもバイデン政権成立から日が経つにつれて、政権と左派との親密ぶりを「意外性」をもって取り上げている。

気候変動とＺ世代

サンダース議員を始めとする左派は「プログレッシブ（進歩派）」と呼ばれている。プログレッシブの台頭は、今や米国政治を語る上で欠かせないキーワードである。トランプ政権下で、日本でも米国における極右勢力の台頭が取り上げられることは増えたが、その一方で民主党内ではより左派的な主張をするプログレッシブが、若者の支持を武器に一大勢力となっている。「かつては米国の政治は、リベラルvs.コンサバティブ（保守）で語られていたが、今やコンサバティブの対極にあるのは、プログレッシブになっている」と米国政治の専門家であるジョシュア・ウォーカー（現ジャパン・ソサエティーＮＹ理事長）は指摘する。

プログレッシブは米国において、貧富の差の縮小や、国民皆保険、教育の無償化などを重要政策として掲げているが、そのうちのトップイシューの一つが気候変動対策である。実際、大統領選を通じて取材したニューヨークの若者たちは、ほぼ全員が「気候変動がもっと争点になるべきだ」とそろって答えていた。

第五章で少し触れたが、米国における若者たちの気候変動への関心は日本と大きく異なる点の一つである。ニューヨークのミレニアル世代以下の若者にとって、「気候に良いことをしよう」と自らアクションを取るのはかなり一般的であり、温室効果ガスの排出につながる牛肉を食べないようにするというのも、その一つの表れである。これはプログレッシブに熱狂する若者にとどまらず、もう少しゆるく「牛肉も食べるけど、できるだけ量を減らして、植物肉を食べる」という「フレキシタリアン」の増加にもつながっている。

こうした若者たちの傾向は実際、数字にも表れている。米シンクタンク、ピュー研究所の調査によると、気候変動が「将来世代のために最も優先度の高い政策であるべき」と答

気候変動への関心と世代の関連性

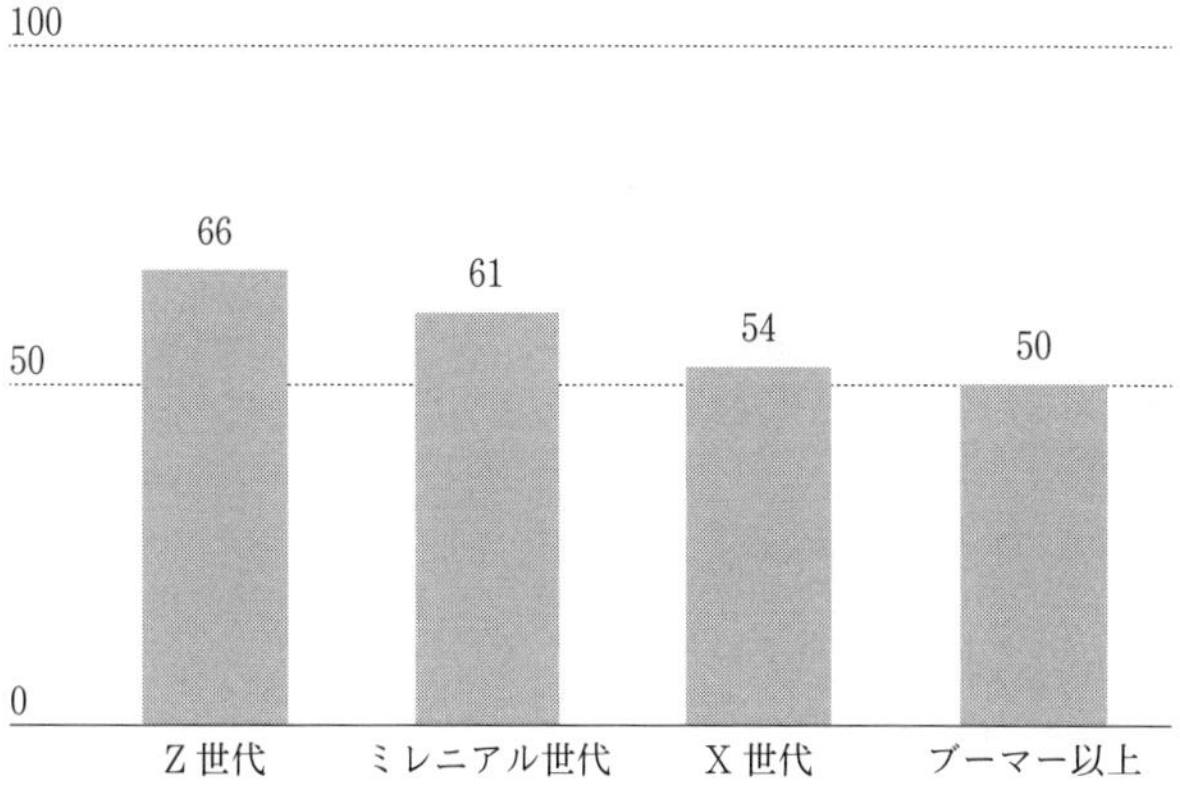

※この１、２週間で気候変動に対する行動の必要性について少なくとも１、２回は話題にしたと答えた割合
出所：ピュー研究所

えた割合は、ミレニアル世代（１９８１～１９９６年生まれ）で71％、その下のZ世代（１９９７年以降生まれ）で67％にまで上った。さらに、直近の数週間で気候変動に対するアクションを話題にしたことがあると答えた割合は、ミレニアル世代で61％、Z世代では66％と、いずれもその上の世代であるX世代（１９６５～１９８０年生まれ）とベビーブーマー世代以上（１９６４年以前生まれ）を大きく上回る。

もっとエネルギーに近い項目でいうと、「化石燃料から脱却すべき」と答えた割合は、Z世代が43％、ミレニアル世代が42％で、こちらももちろんX世代の32％、

共和党支持者、世代別の意識

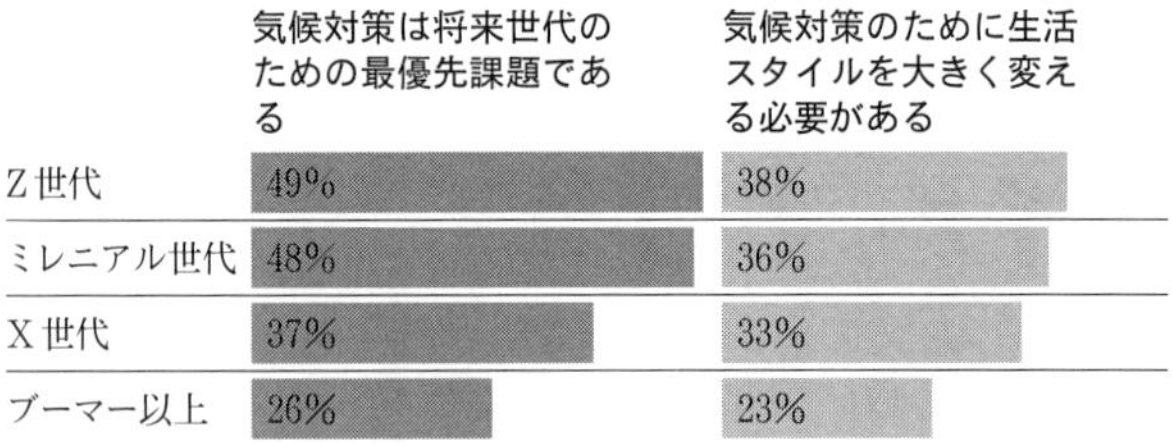

出所：ピュー研究所

ブーマー以上の25％を大きく上回っている。

とはいえ、大統領選でもクローズアップされたように、米国では左右の分断が大きく進んでいることはもちろん考慮にいれなければならない。例えば、気候変動問題が、「一番の懸念事項である」と答えたのは民主党支持層の49％に対し、共和党は10％と大きな差が出た。若い世代の気候変動に対するアクションを見て、「さらに興味が湧いた」と答えた割合も、共和党支持層では16％と、民主党支持層64％との違いが顕著に出ている。

しかし、さらに興味深いのは、共和党支持層にも「世代間の分断」があることだ。例えば、先述の気候変動対策が「将来世代のために最も優先度の高い政策であるべき」と答えた共和党支持者は、Z世代で49％、ミレニアル世代で48％だったのに対し、X世代では37％、ブーマー以上では26％にとどまった。

民主党支持者、世代別の意識

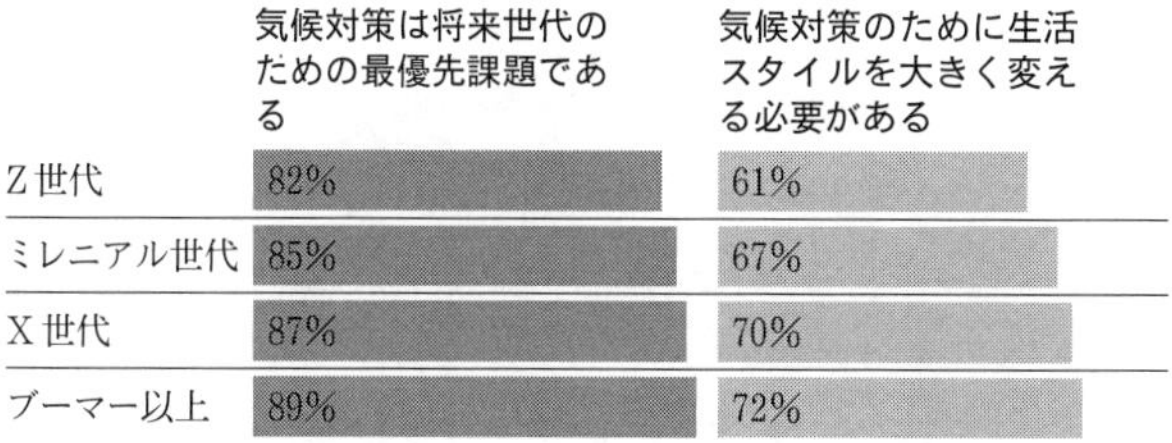

出所：ピュー研究所

一方で民主党支持層では、世代間の違いはさほど見られず、むしろZ世代、ミレニアル世代がそれぞれ82％、85％だったのに対し、X世代が87％、ブーマー以上が89％と、世代が上に行くに従って割合が高まっている。つまり、民主党支持層は年齢にかかわらず、気候変動対策が最重要政策の一つとしてほぼ共通見解になっているということだ。

同様の傾向は、「どこまで化石燃料から脱却すべきか」の設問でも見てとれる。共和党支持層では「再エネと化石燃料を組み合わせるべき」との答えが各世代で80％を超えたものの、「化石燃料から脱却すべき」と答えた割合はZ世代とミレニアル世代で20％ほどに上った。民主党支持層では、「脱却」を推すZ世代とミレニアル世代が6割近くになっているのとはまだ差があるが、共和党内でも世代間の違いが顕著なのは注目に値する。

そして、忘れてはならないのは、米国では若い世代が今後

米国の世代別有権者の変化

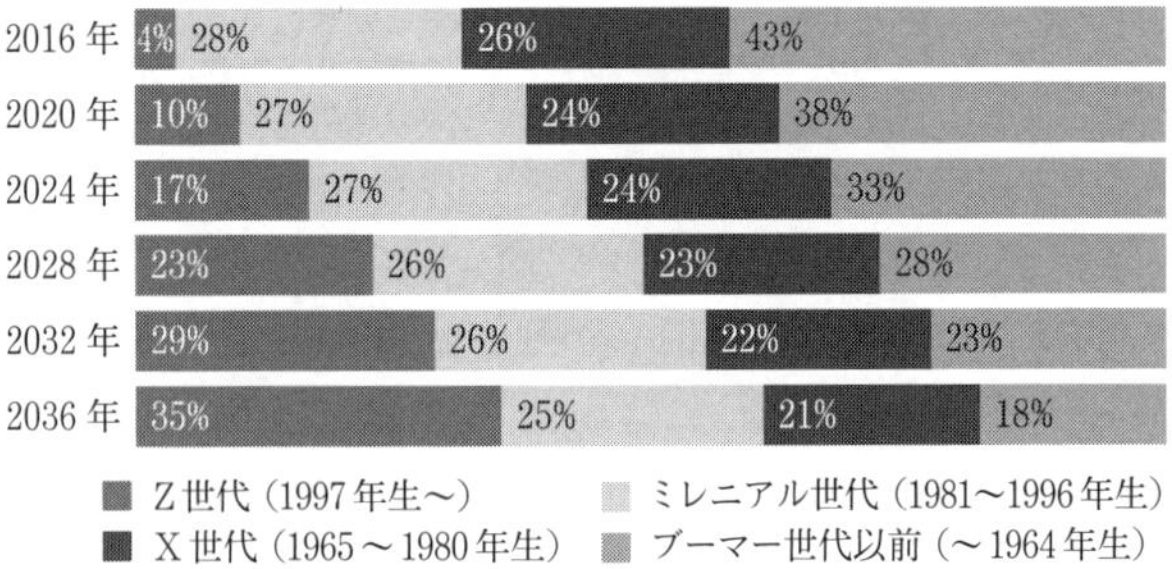

出所：Center for American Progress

有権者の過半を占めていくということである。これは筆者が取材する中で一番痛感している日本と米国の最も大きな違いであるが、少子高齢化が進む日本と違い、米国においてはミレニアル世代とZ世代は自らが政治を変える「パワー」を持っていることを明確に認識している。それは、今後さらに自らの主張が政治に反映できる数の論理と密接に関係している。

米国では２０２０年時点ですでに、ミレニアル世代とZ世代の割合が37%を占めており、２０２８年にはほぼ半数（49%）まで増える見通しだ。改めて要約すると、①まず米都市部でプログレッシブに目覚める若者世代が増えており、②さらに共和党支持者でも世代を経るごとに気候変動に対し対策を求める層が増えている、③そして、若者全体の数自体が増えている、というのが米国の大きな構図である。

２０２０年の大統領選でも明らかになったように、米国の分断は強烈であり、次の２０２４年の大統領選でもそれは続くだろうと見られている。このため、バイデンが強くコミットする気候変動対策も、トランプ時代のように振り出しに戻る可能性を指摘する声もある。それは誰も否定できない米国の現状だといえるが、一方で、こうした気候変動対策がひっくり返される余地が減り続けているのも確かな事実なのである。

緑のニューディールと社会主義

「（気候変動で）人が死んでいることは深刻だ。町や都市が水没し、山火事で地域社会が荒廃していき、私たちはその代償を支払うことになる」

２０１９年２月、民主党のプログレッシブの議員たちは「グリーン・ニューディール」と呼ばれる提案を議会に提出した。「ニューディール」とは、世界史の教科書にも出てくる通り、１９３０年代に世界大恐慌からの復活をかけて当時のフランクリン・ルーズベルト米大統領が打ち出した巨額の経済政策のことである。この一大経済対策になぞらえて打ち出された「グリーン・ニューディール」には、気候変動を世界恐慌のような大災害と捉え、抜本的な経済対策を行っていくべきとの含意があるのだ。

14ページに簡潔にまとめられた決議案では、米国内のCO_2排出削減のため、「10年間の総動員」を開始することを求めている。例えば、２０３０年までの国内電力の１００％再エネ化やゼロエミッションの電力調達、国内の電力網のスマートグリッド化、国内の全建物をよりエネルギー効率の高いものへ改良すること、電気自動車や高速鉄道に投資して国内の交通システムを抜本的に見直すことなどが具体例として挙げられている。

そして、このグリーン・ニューディールにおいて主導的な立場を担ったのが、アレクサンドリア・オカシオ＝コルテス下院議員、通称「ＡＯＣ」である。ＡＯＣは今、米国の政治を語る上で、避けては通れない重要人物である。

彼女はニューヨークの労働者階級の一家に生まれ、懸命な勉学の末ボストン大学に進学。だが在学中に父親が亡くなったことで約２６０万円の借金を背負い、家族を養うためにバーテンダー、ウェイトレスとして働き、１日18時間もの接客をした経験を持つ。このときにレストランの時給が２・13ドル（約２４０円）という劣悪な環境であること、女性に対する暴言がまかり通っていることを知り、２０１６年に大きな一歩を踏み出すことになる。

それが先述のサンダース議員の民主党予備選キャンペーンへの参加だった。サンダースは予備選で敗れたものの、ここでプログレッシブの薫陶《くんとう》を受けたＡＯＣは２０１８年にニューヨーク市から下院選に出馬し、選挙マネーに頼らない草の根運動を展開すると、米史上最年少（当時）の29歳で下院議員に当選することになる。

今やＡＯＣは、ツイッターのフォロワー１２００万人、インスタグラムも８８０万人と若者を中心に絶大な支持を誇るが、彼女が中心となって打ち出したグリーン・ニューディールには、単なる気候変動対策にとどまらない一つの大きな特徴があった。

それは、温室効果ガスの排出量を削減すると同時に、この経済対策を経済的不平等や人種的不公平などの社会問題の解決につなげる狙いがあるということだ。このため、温暖化対策で国家による雇用を増やすだけでなく、貧困層を含む「最前線の脆弱なコミュニティ」に改善をもたらすことでの貧困問題の解決も目標になっており、国民皆保険、最低賃金の引き上げ、独占の防止などが盛り込まれている。

具体的には以下のような項目だ。

●米国のすべての人々に、家族を養える賃金の仕事、十分な家族休暇や医療休暇、有給休暇、退職金を保障すること

●米国のすべての人々に、①質の高いヘルスケア、②手頃で安全かつ適切な住宅、③経済的安定、④きれいな水、きれいな空気、健康的で手頃な食べ物、自然へのアクセスを提供すること
●米国のすべての人々に、資源、トレーニング、高等教育を含む質の高い教育を提供すること

これが何を意味するかといえば、こと米国においては、気候変動をめぐる政策と貧富の差の問題は切っても切れない関係になっているということだ。それには気候変動でまず真っ先に被害を受けるのが貧困層であるという点が大きく影響している。実際、先述のピュー研究所の調査では、気候変動の対応策において、黒人(68%)とヒスパニック系(55%)の成人が、低所得者層への対応が「非常に重要だ」と答えている。これは白人の38%、アジア人の40%と比べるとより際立つ数字だ。同じ質問の答えを比較すると、高所得者層で36%にとどまったのに対し、低所得者層では過半の54%にも上っているほか、党派別では民主党支持層は59%、共和党支持層は27%と大きな開きが出ていることがわかる。

この現実こそが、AOCを始めとするプログレッシブが気候変動をトップ課題に据えて

いる背景の一つだ。そして気候変動と貧富の差を語るとき、米国のプログレッシブ・ムーブメントを象徴するもう一つの欠かせない「キーワード」が浮かび上がる。

それが「社会主義（Socialism）」の台頭である。冷戦時代を知る人たちであれば、アメリカが社会主義などと聞くと、「一体何を言ってるんだ」と思うかもしれないが、この数年における社会主義の台頭は紛れもない事実である。そもそも、サンダースやAOCが若者たちから熱烈な支持を集めた背景には、彼らが「Democratic Socialism（民主社会主義）」を声高に主張していることがある。

実際のところ、プログレッシブが主張している「民主社会主義」とは、超富裕層への課税強化や、国民皆保険であったり、学校教育の無償化であり、欧州や日本ではすでに当たり前に実施しているものも少なくない。共和党からは「ベネズエラやキューバになるつもりか」と批判が集中する一方で、サンダース議員は「自分たちが目指しているのは昔の社会主義国家ではなく、スウェーデンなど北欧の福祉国家や、カナダのような国である」と強調している。

いずれにせよ、「社会主義」という言葉への捉え方が大きく変わったことはデータも裏付けている。米フォーチュン誌などが2021年3月に行った調査では、社会主義という

「社会主義」に対する印象

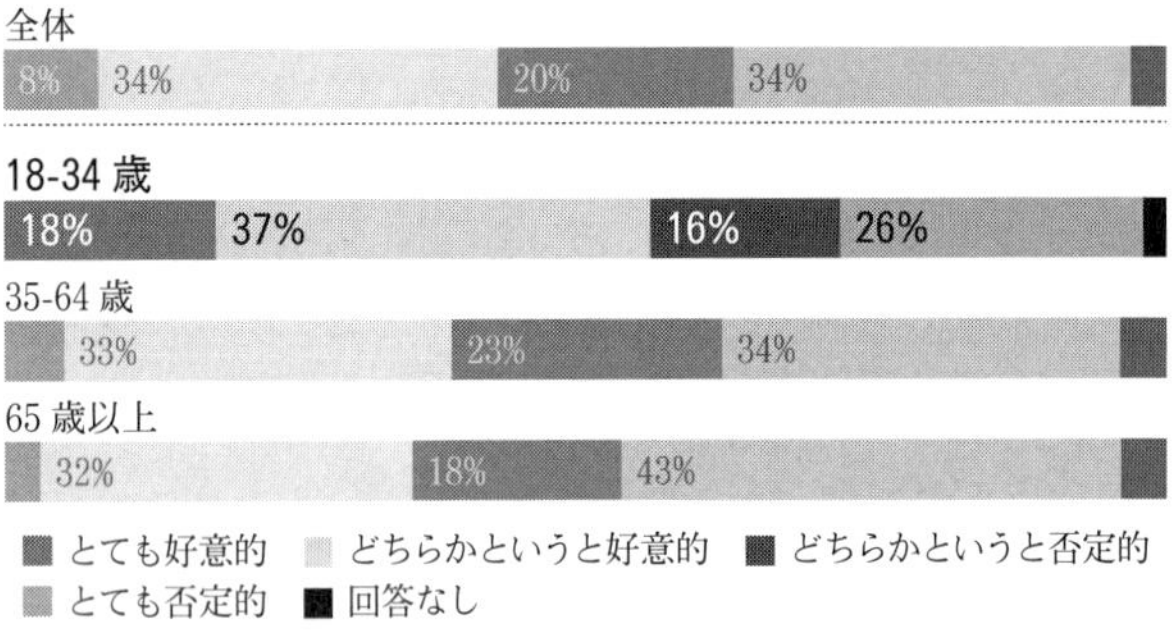

出所：米フォーチュン誌調査

どちらの経済システムの方が望ましいか

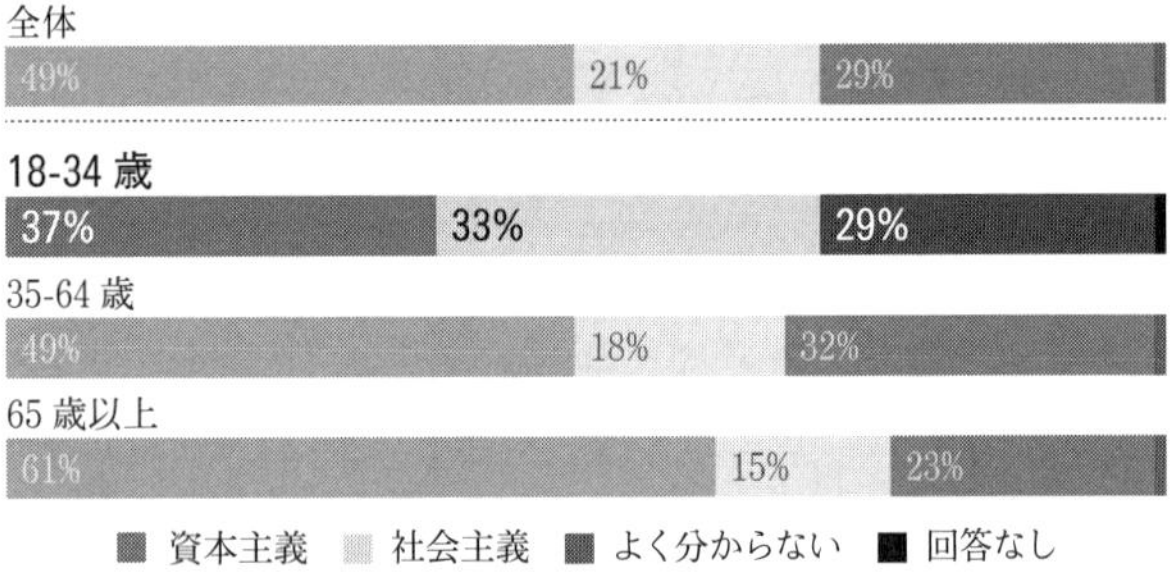

出所：米フォーチュン誌調査

「資本主義」に対する印象

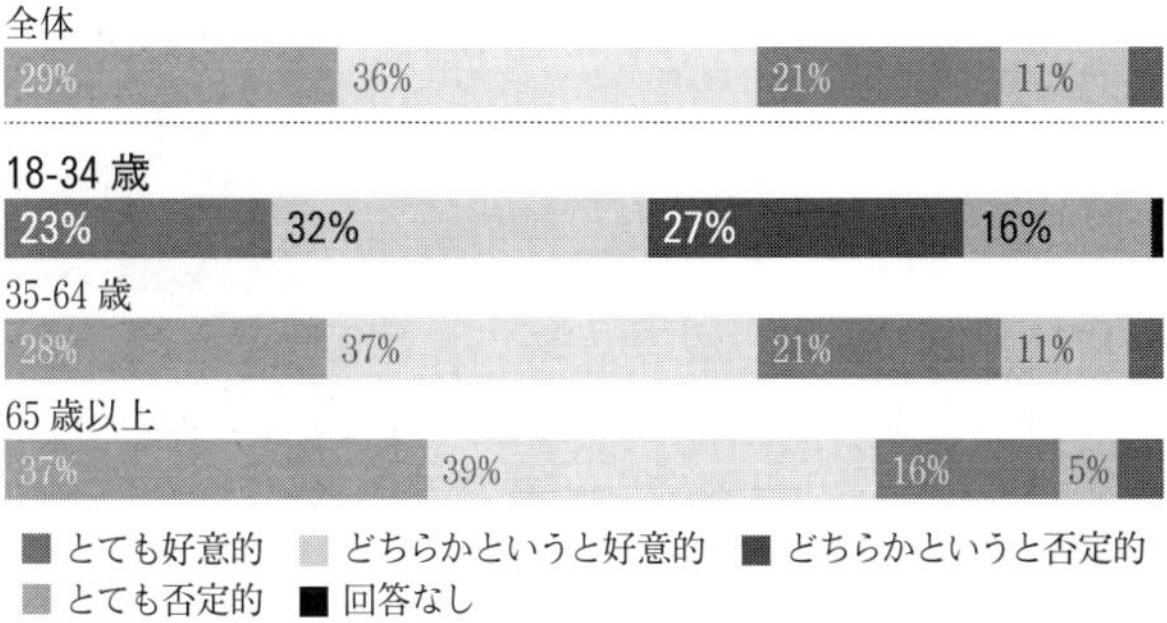

出所：米フォーチュン誌調査

言葉への印象について、18〜34歳では「とてもポジティブ」「どちらかというとポジティブ」と答えた割合がそれぞれ18%、37%で計55%と過半に上り、65歳以上のそれぞれ3%、32%（計35%）を大きく上回っているほどなのだ。

さらには、どちらの経済システムを志向するかという質問では、18〜34歳における「社会主義」と答えた割合は33%と、「資本主義」の37%と拮抗《きっこう》するレベルだった。35〜64歳の18%、65歳以上の15%と比べると、その差は歴然としている。一方で、資本主義に対する印象が「とてもネガティブ」「どちらかというとネガティブ」という割合は18〜34歳で16%、27%の計43%でこちらも半数近い数字になっており、35〜64歳の計32%、65歳以上の計21%と差が出ている。

これらの人たちの気候対策は十分か

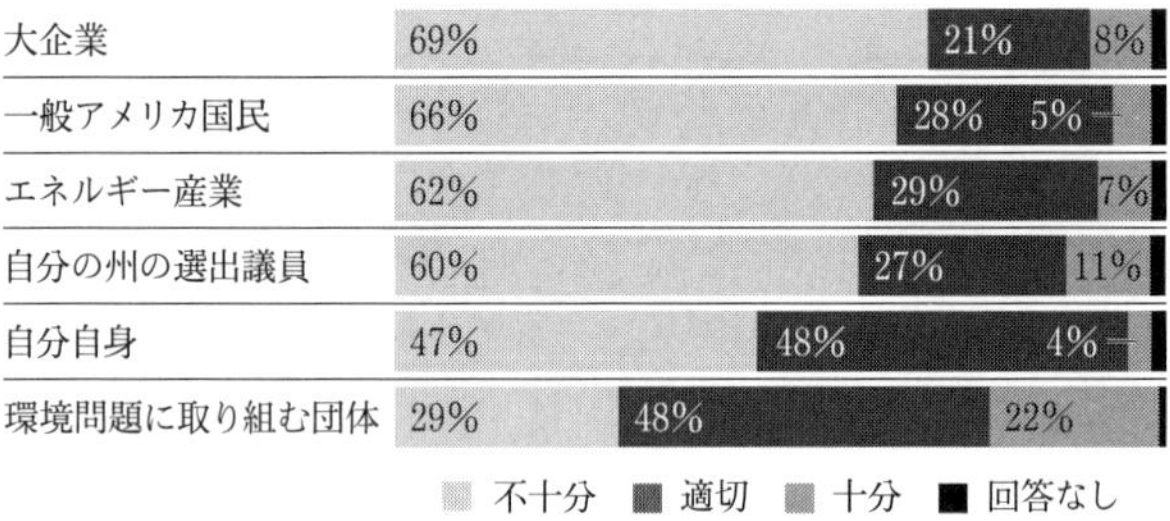

出所：ピュー研究所

この理由はかなり明白である。というのもミレニアル世代より下の層は、「米国史上で初めて親より金持ちになれない世代」とされているからだ。特に、米国では大学の学費が数百万円に上ることはザラで、これは若者自身がローンとして背負うことになる。にもかかわらず、世界の1割の富裕層が、世界の富の43%を占めているというように、富めるものだけが富むという傾向は今も加速しているのである。

こうした若者を取り巻く環境が、「資本主義は壊れている」と叫ぶプログレッシブのムーブメントへの共鳴につながっているのは間違いない。さらにいえば、各企業が利潤を追求する資本主義こそが、気候変動の原因になったと彼らは見ている。だからこそ、貧富の格差を是正するための一つのピースとして気候変動が位置づけられているのである。特に巨額の利益を上げる大企業への反発は強く、先述のピュー研究所の調査では、大企業の気候対策が「不十分」と考える割合は、最大の69％に上っている。

ステークホルダー資本主義

　だが、行き過ぎた資本主義への反発というのは、何もプログレッシブの専売特許ではない。というのも、世界中で富の集中が指摘される中で、今や主流派の大企業でさえ、「資本主義の再構築」に乗り出し始めているからだ。

　大きな転機の一つは２０１９年８月にやってきた。米国を代表する１８１人のＣＥＯが加盟する団体、ビジネスラウンドテーブルが、企業の目的として「ステークホルダー資本主義」を標榜《ひょうぼう》する声明を出したのである。ビジネスラウンドテーブルとは、ＩＴ大手のアップルにアマゾン、石油のエクソン、自動車のゼネラル・モーターズ、金融のゴールドマン・サックスなど、思いつく限りの米国の大企業経営者が参加する財界ロビー団体だ。

　ビジネスラウンドテーブルが「企業の目的」として約束したのは次の５つだ。

1　**お客様**に価値を提供する。我々は、米国企業がお客様の期待に応え、それを上回るサービスを提供してきた伝統をさらに発展させます。

2　**従業員**への投資。これは、公正な報酬と重要な福利厚生を提供することから始まります。さらに、急速に変化する世界に対応する新しいスキルを身につけるためのトレーニングや教育を通じて、従業員をサポートします。我々は、ダイバーシティとインクルージョン、尊厳と敬意を育みます。

3　**サプライヤー**との公正で倫理的な関係を築く。我々は、ミッションを達成するために協力してくれる大小さまざまな企業の良きパートナーとしての役割を果たします。

4　自分たちが働く**コミュニティ**の支援。我々は、事業全体で持続可能な慣行を取り入れることにより、地域社会の人々を尊重し、環境を保護します。

5　企業の投資、成長、革新を可能にする資本を提供してくれる**株主**のために、長期的な価値を生み出します。我々は透明性を確保し、株主との効果的な関わりを約束します。

声明は、上記5つの「ステークホルダーは、それぞれ必要不可欠である」として、企業、コミュニティ、国の将来の成功のために、すべてのステークホルダーに価値を提供することを約束すると締めくくった。

これだけを眺めると、大企業による綺麗事がただ羅列されているようにも見える。だが、この声明が衝撃的だったのは、それまで当然とされてきた株主第一の「株主資本主義」からの決別を明確に宣言したものだったからである。5つのステークホルダーのうち、株主が一番最後に書かれていることが、そのことを端的に象徴している。

「企業の社会的責任は利益を増やすことである」。シカゴ大学の経済学者であるミルトン・フリードマンが1970年、米ニューヨーク・タイムズ紙にこう寄稿して以来半世紀近くにわたって、「株主第一主義」は資本主義の根幹をなす考え方になってきた。その根本にあるのは、経営者は利益を最大化することにフォーカスし、それによって株主に利益を還元することが企業の目的である、という思想だ。フリードマンは1976年にノーベル経済学賞を受賞している。

この考え方でいえば、経営者が、気候問題などほかの社会的責任まで追い求めるのは、「一般的な社会的利益のために他人のお金を使っている」ことに過ぎない。つまり、多くの経営者にとって、利益最大化以外の目標を掲げるのはフィデューシャリー・デューティ（受託者責任）に反するということである。一方で、気候変動や経済格差、社会の仕組みといった問題は、政府や社会が担う「外部性（経済学で、企業らが合理的に行動した結果、本来市場の機能が成し得るはずの経済の最適化が行われない状況。メリットがある場合は外部経済、デメリットの場合は外部不経済という）」として認識されることになった。

しかしこの株主資本主義は、世界経済にこれまでにない繁栄をもたらす一方で、いくつもの歪《ゆが》みも生んできた。富の偏在やリーマン・ショックなどをその一つとして挙げる声もあるが、より具体的な事例として引き合いに出されるのが、米製薬会社チューリングの騒動である。チューリングはエイズ患者の基本治療薬ダラプリムのジェネリック薬（後発薬）を提供していたが、２０１５年９月に、その価格を13・５ドルから、55倍以上の７５０ドルに引き上げたのだ。この薬を手に入れるには、チューリングから買うしかないという市場環境を利用したものだった。

「価格を引き上げ、わが社の株主のために利益を増やした。それが私の最優先の義務です……誰も言おうとしないし、誰も誇らないが、これが資本主義社会であり、資本主義システムであり、資本主義のルールです。わが社の投資家が私に期待するのは利益の最大化です。利益の最小化ではなく、半分にすることや70%にすることでもない。利益曲線の１００％を実現することです。これがＭＢＡの講義で全員に教えられていることです」と、同社ＣＥＯのマーティン・シュクレリは当時のインタビューで語っている（その後、ＦＢＩが証券詐欺罪で逮捕）。

　これは極端な例と言えるかも知れないが、株主価値を最優先することが、顧客や社会への価値提供とは必ずしも相容れないという点において象徴的である。この点を経済学的な観点から理論化した人物が、米コロンビア大学の経済学者ジョセフ・スティグリッツだ。フリードマンと同じノーベル経済学賞（２００１年）の受賞者でもあるスティグリッツは「株主価値の最大化は、社会的な豊かさを最大化するわけではない」として以下のように指摘している。

「このことは、気候変動のような重要な外部性がある場合や、企業が我々の吸う空気や飲む水を汚染している場合に明らかに当てはまります。また、子供の肥満の原因となる甘い飲み物や、オピオイド危機をもたらした鎮痛剤のような健康に害のある商品を押し付ける場合（中略）にも当然当てはまります。銀行やテクノロジー企業のように、市場の力を行使して利益を得ている場合も同様です」

実のところ、こうした株主資本主義への反動は、完全な「脱資本主義」を目指す動きから、資本主義を「是正」する動きまで、その主張にはさまざまな濃淡がある。だが、そのなかで「ステークホルダー資本主義」が一つの大きな潮流となっているのは間違いない。先述のビジネスラウンドテーブルに加え、ダボス会議で知られる世界経済フォーラム創設者のクラウス・シュワブも賛同しているほか、第三章で見てきたブラックロックによるESGシフトも、明らかにこの流れを汲んだものだ。

ハーバード大学のMBAコースで、最も人気の講義の一つとなった「資本主義の再構築(Reimagining Capitalism)」を受け持つレベッカ・ヘンダーソンは同名の著書で、資本主義をめぐる環境が大きく変化したことを踏まえ、こう指摘している。

「利益最大化が繁栄と自由をもたらすのは、市場が真の意味で自由で公正な場合だけである。現代資本主義はどちらでもない。莫大な外部性に価格がつかないまま放置され、機会の真の自由が現実味のない夢に過ぎず、企業が公共財を犠牲にして自社に都合のいいようにゲームのルールを変えられるとすれば、株主価値の最大化は破滅につながる。こうした状況のもとで、企業は道徳的義務を負っている。真に競争的で適切に価格決定がなされる市場、確固とした制度を支えるシステムの構築に助力するという義務を。企業にはまた、そうするだけの説得力のある経済的な合理性がある。炎上する世界は、あらゆる企業の存続可能性を脅かしているからである」

そして、この資本主義の「再構築」の議論でも、気候変動が一つの着火点となっているのも疑いようのない事実だ。

市場の失敗と「グリーンウォッシュ」

「気候変動は、世界が経験した中で、最大の『市場の失敗』による結果である」

英財務省や世界銀行の要職を歴任した経済学者のニコラス・スターンは2006年、気候変動についての報告書にこう記している。「市場の失敗」というのは、つまり自由市場が社会の豊かさを最大化しない（経済学でいう外部不経済）ということであり、今や経済学者が気候変動を語るときに必ず出てくる言葉となった。

では、一体、何が失敗なのか。例えば、温室効果ガス自体は、経済的に価値がある活動の副産物として排出される。そして、その排出が与える影響は、その経済活動の主体ではなく、将来のミレニアル世代やZ世代、または発展途上国の人々が被るわけであって、排出の責任者はコストを負担していないということになる。

つまり、温室効果ガスの悪影響は市場の「外部」にあるために、企業や消費者には通常、これを削減するための経済的なインセンティブが働かないということである。これが先述の「外部不経済（負の外部性）」の意味するところだ。その結果、市場は温室効果ガスを過剰に生産してしまう、というのが経済学における「失敗」の意味だ。

ここに政策介入によって新たなメカニズムを働かせようという試みの一つが、第一章でも紹介した「カーボン・プライシング」である。これは、CO_2を排出する活動に価格を付けることで、脱炭素への取り組みを促進し、ひいてはイノベーションにつなげる狙いがある。これをできるだけ安価に経済全体に行き渡らせるためには、炭素税や排出量取引などを通じて、すべての企業や世帯が「同一の炭素価格」を支払う政策をとらなければならない。

さらに、この「市場の失敗」を異なる市場メカニズムで補う動きまで登場している。これは「カーボン・オフセット市場」と言われるもので、CO_2を排出する企業たちが、CO_2を吸収する森林業者や第五章で取り上げたようなCO_2回収企業などから吸収・回収分をオフセット（相殺分）として買い取ることで、買った分を自社の排出分から相殺することができる。

すでに２０２０年には１・７億トン分のオフセットクレジットが発行されているほか、英国では「自主的なカーボン市場の拡大のためのタスクフォース（ＴＳＶＣＭ）」が発足し、石油会社や金融機関、コンサル会社などが環境整備に乗り出している。ＴＳＶＣＭを創設したマーク・カーニーによると、その市場規模は２０１８年の３億ドル（約３３０億円）規模から10年後には１０００億ドル（約11兆円）規模になるとみられている。

なぜそこまで拡大するのかといえば、第三章で見てきたように、今世界中の国から企業までが２０５０年のカーボンニュートラルを宣言している一方で、実は、これらの企業の多くはこの「オフセット市場」を当てにしていることが背景にある。例えば、石油企業などは実際にCO_2排出量をゼロにするのが難しいとなれば、途上国の植林プロジェクトなどからオフセットのクレジットを購入して相殺することになる。

ただ、この市場はまだ「何でもあり」といっていい状態だ。まず、CO_2をガンガン吐き出していても、オフセットを購入していれば、カーボンニュートラルを喧伝《けんでん》してもいいのかという問題がある。まさにクリーンをお金で買う、文字通りの「免罪符」になりかねない。さらには、オフセットを販売している事業者が、本当にCO_2を回収しているのか怪しい事案がすでに出てきており、排出量は削減されるどころか、実際は増加しているという事態まで起きているのだ。

企業が、環境に良いことをしているふりをすることを「グリーンウォッシュ」と呼ぶが、オフセット市場はこのままではグリーンウォッシュの温床になりかねない。そうなれば、また別の意味での「市場の失敗」が起こり得るということだ。ＴＳＶＣＭは、こうした無秩序な市場を正すためのガイドラインを発表したが、まだこうした問題点を解決するにはいたっていない。

さらにいえば、そもそも資本主義を前提にする限り、いつまでもグリーンウォッシュが跋扈《ばっこ》して、気候変動の根本的な解決はできないという主張もある。例えば、ベストセラー『人新世の「資本論」』の著者である哲学者の斎藤幸平はNewsPicksの取材に対し、「経済成長と二酸化炭素排出量の削減は両立しません。つまり、本気で〝地球を守ろう〟、〝公正な社会を作ろう〟という目的を達成するためには、利潤を際限なく追求する資本主義というシステムそのものに問題があることに気づかなくてはなりません。その資本主義から抜け出す方法を探ることが求められているのです」と断言している。

現在、各国政府のカーボンニュートラルの取り組みは、脱炭素を経済成長につなげることが前提になっている。「バイデン政権の気候対策は、あくまで脱炭素が経済成長に寄与できる限りは全力コミットするというものだ。そこはプログレッシブと歩調を合わせているように見えて、明確に線引きしているはずだ」と、米国との交渉を担当する政府関係者は話す。

しかし、もしも気候対策が経済成長と両立しないということがわかってきた場合、資本主義の世界はどっちに転ぶのか。例えば、ビル・ゲイツはその現実の厳しさを見据えた上での「楽観主義」を打ち出しているが、実は、この先はまだ誰にも見えていない。

第七章　日本に残された勝ち筋

なぜ脱炭素後進国になったのか

「Do you Kyoto?」

２００８年、新聞社の記者として京都市政の取材を担当していた筆者は、この年市長になった門川大作の肝いりで打ち出された、この聞き慣れぬスローガンを何度も耳にしていた。これは２００５年に発効した京都議定書にちなみ、「環境にいいことしていますか？」という意味の合言葉として広めたいというのが、門川市長の狙いだった。そのきっかけは２００７年にドイツのメルケル首相が、上記の意味で動詞として「Kyoto」を使ったことだという。

だが、名刺や広報物までいたるところを「Do you Kyoto?」で埋め尽くした市長の強い思いとは裏腹に、この言葉はそれほど浸透しなかった。とはいえ、このスローガンが始まった２０００年代に関していえば、個人的に、京都市のこの取り組みには納得も感じていた。筆者はアメリカで生まれ、大学時代を日本国外で過ごしてきたのだが、10年前ぐらいまでは「京都（の近郊）出身だ」と欧米の知人に話すと、「あの Kyoto Protocol（京都議定書）のね」という反応が多く、ひいては日本全体のイメージ醸成にもつながっている感覚があったからだ。

しかし、今やKyotoの時代は過ぎ去り、第一章で見たように「Paris」が世界の潮流を変えた大きな転機となった。そして、この10年強で、日本全体からそうした環境対策のイメージはほぼなくなってしまったといっていい。こと脱炭素の文脈においては、特に欧州からは大きな遅れをとっているのが現状だ。

その間に、一体日本では何が起きていたのか。

京都議定書が発効した2005年、世界は「原子力ルネッサンス」に沸いていた。温暖化対策の観点から、世界で毎年30基の原発建設が予測されていたほどで、三菱重工業、日立製作所、東芝と3つもの原発メーカーを抱える日本は、原発輸出を国策の一つに掲げた。2006年には、経済産業省の資源エネルギー庁が「原子力立国計画」をぶち上げ、さらに東芝が米原発大手のウエスチングハウスを買収したことで日本は名実ともに原発立国へ進んでいった。

その政策の是非はさておき、原発を主軸に据えたことに加え、当時はまだ太陽光産業でもギリギリ競争力を保っていたことから、実は、脱炭素（当時はまだなかった言葉だが）

をめぐる目標も野心的な数字が掲げられていた。たとえば、２００９年の新成長戦略では「環境・エネルギー大国」がうたわれ、２０１０年のエネルギー基本計画では、２０３０年までの目標としてこんな大胆な数値が盛り込まれていた。

●電源構成に占めるゼロ・エミッション電源（原子力及び再生可能エネルギー由来）の比率を約70％（２０２０年には約50％以上）とする。（現状34％）

２０２１年現在のエネルギー基本計画で、２０３０年のゼロエミッション電源比率目標が50％台で議論されていることを踏まえると、10年以上前のこの数字の意欲が見て取れる。そして、これは世界全体で見ても高い数字だった。

これを一変させたのは、もちろん２０１１年の福島第一原発の事故である。事故後、すぐに民主党の菅直人政権が全国の原発停止に動いたこともあって、各電力会社は安定供給のため、休止中のものも含めて火力発電を一斉に焚かなければならなくなった。象徴的だったのは、菅首相が２０１１年5月6日に中部電力の浜岡原発の停止を要請したことで、中部電力は管内のＬＮＧ（液化天然ガス）火力を全開運転するための燃料確保に追われ、

震災前後の日本の電源構成

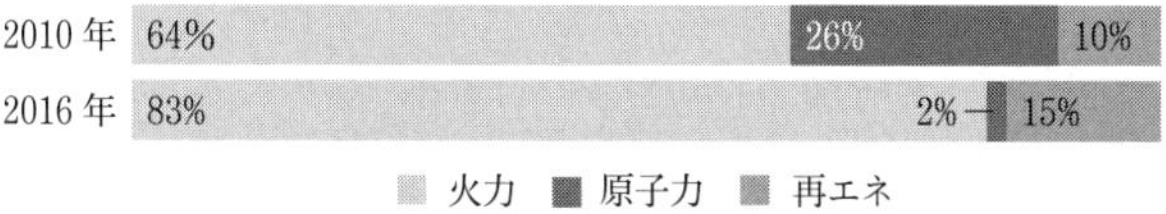

カタールから急遽大量のＬＮＧを調達しなければならなくなったことである。中部電力関係者は否定するが、このときのＬＮＧ価格は法外なものだったと業界内では語られている。

いずれにせよ、東日本大震災を機に日本は「火力大国」へと変貌することになる。特に、石炭と比べるとCO_2排出量が少ないことから「クリーン」とされ、１９７０年代から日本が主導して世界の市場を作ってきたＬＮＧを原料とするＬＮＧ火力はその中心を担う存在となった。世界最大のＬＮＧ輸入国となった日本は、中東などＬＮＧ産出国から足元を見られた「プレミアム価格」を吹っ掛けられているとして、交渉力を高めるための世界会議を主催するなど、ＬＮＧを中心としたエネルギー政策に舵を切っていく。第二章でも取り上げたＪＥＲＡ（ジェラ）は、ＬＮＧを本丸とする経産省の再編構想のなかで「世界一のＬＮＧバイイングパワーを持つ企業」として登場したものだった。

石炭しか頼れなくなった

火力への依存を深める中で、石炭火力への再評価も進んだ。

ＬＮＧ火力は一般的に、ミドルロードと呼ばれ、再エネ発電の周波数変動を吸収するための「小回りが利く電源」として認識されており、常に安定して大規模な出力のできるベースロード電源ではない。それまでベースロードを担ってきた原発がほぼ全停止となったことから、日本では発電コストだけで見ると安い石炭火力を重視する流れが出来上がってきたのだ。

２０１０年代は、日本中の電力会社が滑り込みのように石炭火力の計画を打ち出した。その理屈は、最新鋭の石炭火力発電はほぼ稼働していない老朽石油火力発電よりはCO_2排出量がマシであること、もう一つはガス会社も参入できるＬＮＧ火力と比べると、石炭火力なら電力会社が競争力を保てるということも背景にあった。当時は、資源エネルギー庁を取材していると、地方電力が進めるＬＮＧ火力計画さえも石炭火力に置き換えようという議論が真剣に行われているほどだった。

このように、福島原発事故という世界エネルギー史上に残る悲惨な事故を受け、日本が火力へと一気にシフトしたことは現実的に唯一の選択肢であり、火力発電が間違いなく、その後の日本の安定供給を支えてきたことは歴然たる事実である。ただ世界を見ると、この日本の火力シフトの時期は、まさに世界がパリ協定へと向かっているタイミングだった。そんなタイミングに、日本では自国特有の事情を重視するなかで「安定供給のためなら脱炭素は後回しでいい」もしくは「本気で脱炭素したいなら原発を動かす」というスタンスが支配的になったことも、重要な事実として指摘しておきたい。

もう一つ、この時期の日本のエネルギー界の重要な転換点として指摘しておきたいのが「太陽光バブル」である。

２０１２年7月、野田佳彦政権は「再生可能エネルギー特措法」を施行する。再エネのＦＩＴ（全量買取制度）を盛り込んだこの法律が、日本の再エネ拡大に大きなインパクトをもたらしたのは間違いのない事実だが、同時にエネルギー業界に少なからぬ歪みも生んだ。このＦＩＴは、福島事故後に再エネへの関心を一気に強めたソフトバンクグループの孫正義社長が、菅政権と資源エネルギー庁の部長を巻き込む形で強力に推進したものだが、その結果、太陽光発電の買取価格が1キロワット時当たり42円（20年買い取り保証）と異

日本の太陽光発電の導入量の推移

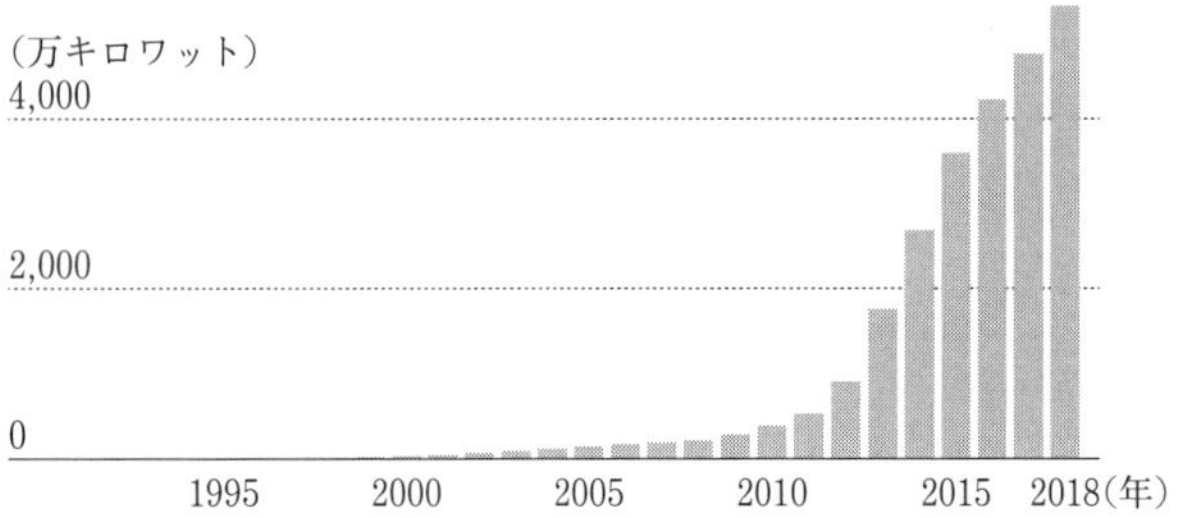

出所：資源エネルギー庁「エネルギー白書2020」

様に高いものになったのだ。

　これが「太陽光バブル」をもたらした。特にコスト削減努力をしなくとも、参入すれば誰でも稼げる価格設定であったため、エネルギーに全く関心のない企業や、ときにはグレーな企業までも参入し、太陽光発電で稼ごうとする流れが一気に起きたのだ。しかも、そうした企業が発電する不安定な太陽光の電力を制御するのは、送配電を担う電力会社になる。このバブルが、もともと再エネに前向きではなかった電力会社がより再エネにアレルギーを感じるようになる一因となった側面は確かにあるはずだ。

　一方で、第二章で取り上げたレノバを始め、再エネの未来を信じる企業たちがこのタイミングに台頭してきたのも事実である。だが、電力会社の再エネへのアレルギーは、（原発の再稼働を前提とした）送電網の開放の遅れなどとなって顕在化し、世界で再エネ価格が一気に下落していくこの時期に、日本では再エネを通じたイノベーションの芽が摘まれてしまうことになる。結果、日本には大手の電力・ガス会社が10社以上あるにもかかわらず、この時期に台頭した「グリーン・ジャイアント」のように未来に賭けた「変身」を遂げる企業は一つも出てこなかった。

この時期の停滞は、もはや痛恨といえるレベルだ。まず、福島事故後も日本は、原発の「海外輸出」を産業政策の根幹に位置づけていた。先述のように、三菱重工、日立、東芝の3社を抱えることから、日本市場では難しくともせめて海外で稼いでもらおうという狙いだったが、福島事故を受けて、原発は市民からの批判だけでなく、建設コストの面でも見合わないものになっていた。日立は、鉄道事業などで関係の深い英国で原発プロジェクトを進めていたが、結果的にすべて撤退することになった。さらに東芝をめぐっては、巨額買収を果たしたウエスチングハウスにかかわる不正会計が発覚し、日本経済史上に残る大問題に発展した。結果的に日本の原子力産業は競争力さえも失うことになった。今や、世界で原発建設を安定的に進めているのは中国、韓国、ロシアぐらいだ。

そこで、日本が賭けたのが、高効率の石炭火力の輸出だった。発展途上国で中国などが展開する非効率な石炭火力を導入するくらいならば、日本製の高効率石炭を使えばCO_2

の排出削減に寄与できるというのが、日本が編みだしたロジックだった。経産省も「日本が誇る技術」として、高効率の石炭火力を盛んに喧伝し、海外輸出を支援していくが、第三章で見たようにこの10年間で世界は大きく脱石炭に振り切れており、各地で大逆風を受けることになる。

ちなみにこうした石炭火力のダイベストメントの流れに対し、日本国内では「西洋の論理を押し付けられているだけ」「割を食うのは安い電源を調達できない途上国だ」「結局、中国が取ることになる」という批判を見ることが多い。それはすべて部分的には正しいが、より重要なのは、日本に今残された技術が石炭火力ぐらいしかない、という現実だ。

すでに見てきたように、再エネへのシフトが停滞する中で、太陽光のシェアはすべて中国に奪われたほか、次世代の本命である風力、特に洋上風力では、１社も国産メーカーがない状況だ。大型のＬＮＧ火力では、かろうじて三菱パワー（２０２１年10月に三菱重工に統合予定）が残っているが、世界がカーボンニュートラルに向かう中では、ガス火力の需要もそこまでは伸びない。

それに対し中国は、もし世界の気候対策がさらに進んで石炭火力を失うことがあったとしても、原子力に太陽光、風力という豊富な選択肢が残っているというのが、紛れもない現実なのである。

再エネはどこまで伸ばせるか

とはいえ、日本も２０５０年までのカーボンニュートラル、そして２０３０年までの排出量46％削減（２０１３年比）と、ここにきて脱炭素へと一気に舵を切ることがきまった。関係者の大半が「厳しい」と口をそろえるなかで、一体何をすれば実現できるのか。

まず、２０３０年の再エネは、電源構成のうち36～38％という方向で議論が進む。現状は２０１９年度の時点で、水力を入れて18・1％なので、約10年で2倍以上を目指すことになる。エネルギー業界からは、「ただでさえ再エネの適地が少ないのに」と不満の声も大きいが、確かに広大な用地はほぼ残されていないため、ここからは地道な積み重ねが必要となる。

「２０３０年はゴールではなく、２０５０年のカーボンニュートラルに向けた大きなマイルストーンの一つ目なので、そこに向けた施策をきちんと行っていくことが大事です。この1、2年が勝負だと思います」と、再エネ会社レノバの木南陽介社長は指摘する。

日本の電源構成（2019年度）

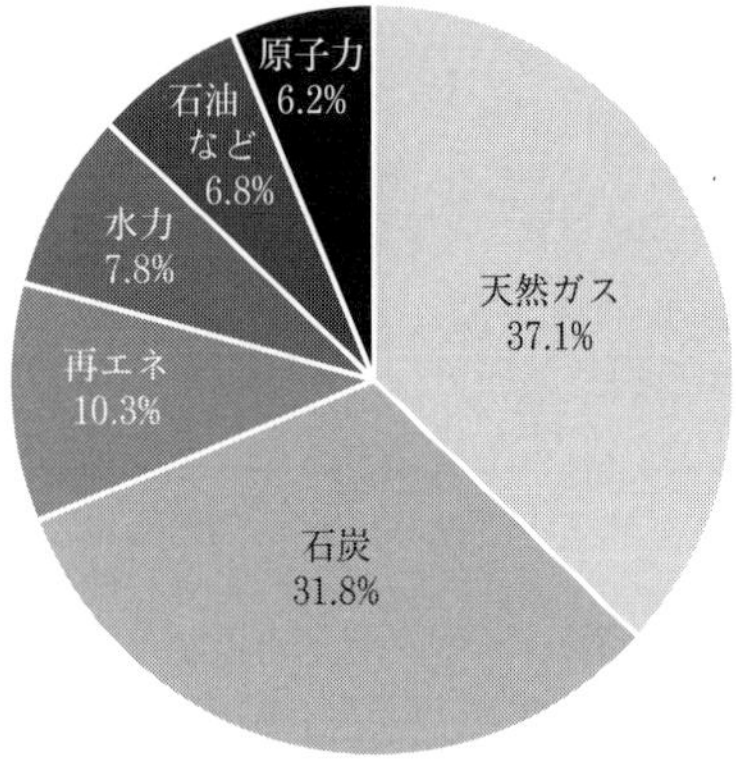

出所：資源エネルギー庁

カギを握るのが、規制緩和だ。まず、太陽光でいえば、従来の２０３０年目標では64ギガワット程度（全体の７％程度）を目指していたが、46％削減という新たな目標下では、これを１００ギガ以上まで一気に増やしていくことになる。これを実現するための一つの道が、これまで活用できなかった「荒廃農地（現在耕作が行われていない農地）」を太陽光発電に用いるための規制緩和であり、これが実現すれば、「数十ギガのポテンシャルはある」と木南は話す。

もう一つ、送電網の改革のカギを握る「ノンファーム接続」と言われるものがある。電気はいくら発電をしても、送電網の空き容量が十分でないと、需要地まで届けることができない。だが実は、これまではこの送電網のキャパシティが「先着優先」のルールになっていたため、先に建設された原発や火力発電が稼動していない場合でも枠を押さえていた。つまり、再エネは、その原発や火力が押さえた後に残った小さい枠を取り合っていたということだ。

それが、２０１９年から東電が試験的な取り組みを実施したことで、「混雑時は出力を抑制する」という条件で、送電網のキャパシティが再エネなどにも開放され、２０２１年１月からはこれが全国に適用されることになった。このように、送電設備の空いている容量を別の電源につなぐことをノンファーム接続と呼ぶ。

20世紀を通じて、電力は原発などの大規模電源から、大容量の送電網を通じて、巨大消費地へと電気を送り込む「集中型」で発展してきた。これを再エネなどを中心とした「分散型」に変えていくには、電気の血流を担う送電網の改革は一つの肝になる。

さらに、発電コストの低減も重要だ。世界ではこの10年で太陽光の発電コストが8割以上下がるなかで、日本は太陽光バブルの影響もあり、価格低減のペースは遅いままだった。しかしＦＩＴによる買い取り価格が下げられていく中で、ようやく日本でもコスト削減のノウハウが蓄積され始めている。さらに価格が一定だったＦＩＴに加えて、発電収入がよ

太陽光発電（2,000kW）の各国の買取価格

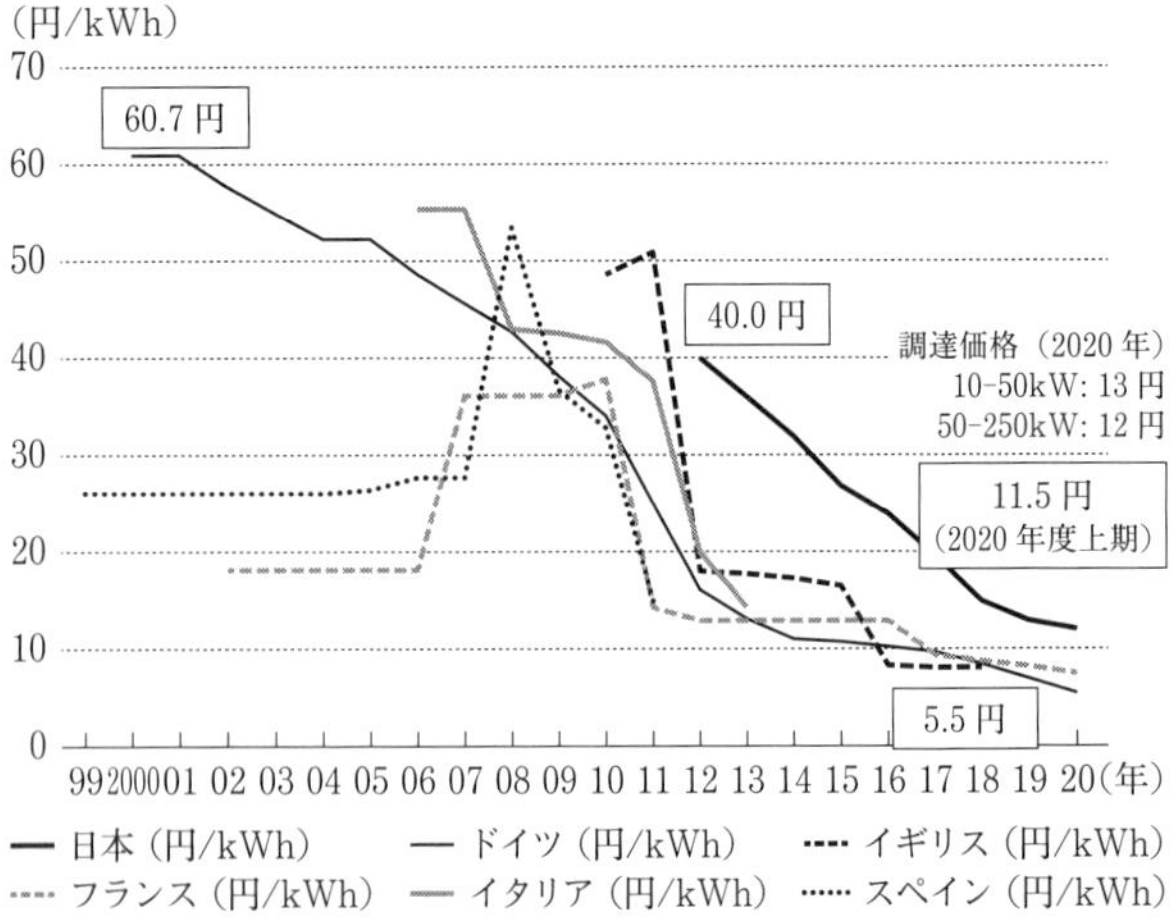

※1ユーロ＝120円、1ポンド＝150円で換算。欧州の価格は運転開始年である。入札対象電源となっている場合、落札価格の加重平均
出所：資源エネルギー庁

り市場に連動した「ＦＩＰ（Feed in Premium）」と呼ばれる制度も始まる予定で、さらなるコスト低下が見込まれている。

「日本が日照条件に恵まれた砂漠の国ほどの安さを実現するのは難しいにしろ、（発電単価ではなく）設備投資単価で比較すれば、この8年で半額以下まで下がっています。1キロワット時当たり10円が見えているなか、今が勝負どきで、この安い単価で量を増やすことがエネルギーミックス上、とても大事です。太陽光は今こそ普及の時なので、（バブルの反動で）一度

トーンダウンした企業の参入が回復する必要があります」と木南は指摘する。

もう一つの再エネの雄である風力も同様の課題を抱える。陸上風力は適地が限られる中で、やはりカギを握るのは、第二章で取り上げた洋上風力となる。政府は、２０４０年に洋上風力で最大４５００万キロワットと野心的な目標を掲げているが、２０３０年時点の導入目標は、１０００万キロワット（認定ベース）にとどまる。

それでも２０３０年の再エネ目標を達成するには、この数字を前倒しにするしかない。そのための一つの道筋は、最新の風力設備を導入することだ。洋上の風車は年々大型化が進んでおり、5年前に1基当たりの発電容量が５０００キロワット前後だったのが、今は８０００や９０００、そして今開発中のプロジェクトでは１・２万〜１・５万キロワットまで上っている。

「最新の風車を導入すれば、本数を減らすことができるので工事が早くなるし、発電コストも下げられ、さらに1地点当たりの出力を大きくしやすくなる。これから4〜5年後に標準となる１・５万キロワットを導入すれば、40本で60万キロワットと、同じ本数で現状の倍ほどの出力が実現できる。1地点をサイズアップし、数も増やせば、年間に導入できる風力発電の数を従来よりも増やせます。風車の大型化はコストダウンにも有効です」

（木南）

重要なのは、その過程で国内に洋上風力のサプライチェーンを構築し、建設から発電までのノウハウを蓄積することだ。そうすれば、第2弾、第3弾でのコストダウンにもつながり、一つの産業として根付かせることもできる。それが、さらなる導入の加速につながれば、正のスパイラルを生み出すことも不可能ではない。

しかし、第二章や本章で見てきたように、再エネの「本丸」である風力のメーカーが日本には一つもないのが悲しき現状だ。ここから欧州や中国へ追いつくことは不可能な中で、日本が洋上風力を産業として育成するためにはサプライチェーンを構築するしかない。洋上風車は高さ300メートルにもなる巨大な構造物であり、主力パーツであるナセル（ギア、発電機などを収納する筐体）、ブレード（羽根）、タワー（塔体）などを始め、部品点数は2万点に上るといわれる。こうした部品の供給網を作り上げることで、欧米メーカーの製造拠点を日本に持ってくることが産業化のためには不可欠となる。

「アンモニア」という奇貨

「現在建設中の火力発電所も、最初は石炭を使いますが、順次アンモニアに変えていく」日本に再エネの先端産業がない今、政府とエネルギー業界が期待をかける残された数少ない独自技術が「アンモニア」である。突然、アンモニアと言われても「尿」や「臭い」ぐらいのイメージしかないかもしれないが、今、少なくとも日本のエネルギー界においては一つの大きなトピックになっている。アンモニアの化学式はNH_3であり、これを燃焼しても、CO_2が出ないという点が注目を集めているのだ。

　そして、これを火力発電に活用することで、２０５０年までに「ゼロエミッション火力」を実現するという壮大なプランをぶちあげたのがＪＥＲＡだ。ＪＥＲＡは第二章で紹介したように洋上風力事業にも注力しているものの、その根幹にあるのは、やはり火力発電だ。日本のCO_2排出の4割を占める火力発電のうち約半分を担うＪＥＲＡが、２０５０年までのカーボンニュートラルを宣言する中で導き出した一つの答えが「アンモニア」だった。

「現在の火力発電は、燃料に石炭を使うものとＬＮＧを使う2種類があります。石炭を使う発電所は『ボイラー型』、ＬＮＧを使う発電所は『タービン型』と呼ばれていますが、我々が目指すのはボイラー型発電所の燃料を、石炭からアンモニアに変えていくことです。

さらに、タービン型の燃料を水素に変えていく。アンモニアや水素はCO_2を出しません。これらを石炭とＬＮＧに混ぜて燃やすことで、発電量はそのままでCO_2を削減することができます。この組み合わせこそ、最も早くてコストも小さい火力の脱炭素化だと思っています」と、ＪＥＲＡの奥田久栄副社長はその狙いを打ち明ける。

実際、ＪＥＲＡはすでに２０２１年６月から、愛知県の碧南火力発電所の燃料にアンモニアを混焼させる実証実験を始めており、２０２４年度中に20％へ混焼割合を引き上げることを目指している。そして最終的には、２０５０年までにアンモニアだけを燃やす「専焼」につなげて、CO_2排出をゼロにしたい考えだ。その過程で２０３０年までに、非効率な石炭火力をすべて停廃止するという。

先述の通り、アンモニアの化学式はNH_3であり、水素（Ｈ）を含むことが特徴だ。このため、政府の戦略では「水素・アンモニア」と一つの括りで紹介されることも多い。欧州や中国が力を入れる水素ではなく、あえてアンモニアを本命視する背景には、水素という新しいエネルギー資源においても日本は「輸入国」にならざるを得ないという事情があるからだ。

第五章でも少し触れたように、水素は、現在ブルー水素やグリーン水素といった区別がされており、今後は１００％再エネから作られる「グリーン水素」が主流になってくる。しかし、前提条件として、再エネによる発電量が大きく余っていないと、通常の電力需要を賄った上で水素の製造に振り向けることができない。このため、水素生産地として有力視されるのはノルウェーやオーストラリアなど、広大な敷地を背景に再エネが余る国々だ。

一方で日本は適地も少なく、再エネの導入率を上げるので精一杯のため、結局は水素も輸入に頼ることになる。しかし、実は水素を輸送する手段はまだ確立されていない。そのため、水素を窒素と化合させてアンモニアに変えた上で輸送するというのが、現実的な選択肢なのだという。

「（オーストラリアのように）水素が地産地消で使えるところは、わざわざアンモニアを使う必要はありません。諸外国でアンモニアが注目されない理由はここにあります。そして一度水素から作ったアンモニアを、輸入後にもう一度水素に分解するよりは、直接燃やしたほうがロスは少なく、低コストで環境に良い。ボイラー式の発電所であればアンモニアを上手に燃やせると踏んだので、まず直接燃やすことにしました」と奥田は話す。

しかし、奥田も認めているように、現状ではクリーンエネルギーの文脈で、アンモニアに着目している国は少ない。このため、「石炭を延命させるための方策」「ガラパゴスな技術」という指摘も出ている。カギを握るのは、既存の発電設備を生かしたまま、いかに世界のCO_2削減に貢献していけるかということになりそうだ。

特に、日本と同じく再エネの適地が限られ、まだ石炭火力への依存度が高い東南アジア諸国へ展開することで、「アジア諸国でタッグを組んで、アジアのやり方として発信していきたい」と奥田は説く。

もう一つ、アンモニアの導入が選択肢に入った理由には、大気汚染物質である窒素酸化物の除去技術において、日本がトップクラスを誇るという背景もある。NH_3であるアンモニアを燃やす（O_2を加える）とNOx（窒素酸化物）が出ることが、アンモニアを燃料として使う場合のネックになっていたのだが、その排出量を「欧米の10分の1以下に抑えられる世界一の技術が日本にはある」（奥田）のだという。

アンモニアの挑戦はまだ始まったばかりで、これから２０５０年にかけて、どこまで実用化が進むのかは不透明な部分も大きい。ただ、火力発電の一大企業であるＪＥＲＡが、日本のエネルギー業界では真っ先にカーボンニュートラルへと舵を切り、自ら新たなモデルを作りに行っていることは、日本では稀有ともいえる大きな一歩だ。

「我々は自らゲームのルールを作っていく存在になっていきたい。人がやってから後追いすると、結局は、他の人が作ったモデルの上で仕事をすることになり、ビジネスチャンスを大きく損ねることになる。自分たちで新しいビジネスモデルを作って提示をして行くことが非常に大事です。だからこそ、リーダー的な存在になるために、いち早く手を打っていきたい」と奥田は力を込めている。

原発の「落とし前」をつけよ

最後に、本書を締めくくるチャプターとして、原子力発電に触れたい。

筆者がエネルギー業界を取材するようになったのは、２０１１年の福島第一原発の事故がきっかけであり、実際に福島を幾度か訪れてその悲惨な現場を目にしてきた。そして、再び脱炭素の文脈で、エネルギー、さらには原発が注目されるようになったのが、その事故からちょうど10年後であることは単なる偶然ではないと感じている。

２０２１年は、関西電力の美浜原発3号機が再稼働し、高浜原発1、2号機の運転開始にめどがつくなど、高経年の原発をめぐる動きが活発化している。関電の森本孝社長が述べたように「２０５０年のカーボンニュートラルには原発は必要」というのは今の日本のエネルギー構成を見る限りは事実であり、それ自体を否定するつもりはない。だが、もし10年が経ち、原発事故の記憶が遠のき、なんとなく脱炭素の雰囲気が高まる中で原発がなし崩しで再稼働されるのであれば、それは正しくないと感じている。

　というのは、この10年間、政府は原発の「落とし前」を全く付けてこなかったからだ。確かに、原発の推進と規制の両方を経産省が担っていたいびつな体制は変更され、「原子力規制庁」という新たな規制機関はできた。だがその代わりに、政府は「世界で最も厳しい規制基準を満たした原発は順次再稼働する」と機械的に再稼働を認めるだけで、自ら能動的に将来的なビジョンを示すことは一度もなかった。むしろ、規制庁を作ったことによって「後は事業者が動かしたいのであれば動かしてください」という他人任せなスタンスを装ってきた。

　一方で、3年毎に更新されるエネルギー基本計画では原発の「依存度を可能な限り低減する」としつつも、「重要なベースロード電源」として、2030年の電源構成において、20～22％と大きな割合を占めるものと位置づけてきた。つまり、できるだけ波風を立てずに、だましだまし再稼働をすることに腐心してきたのである。これは、約8年続いた第二次安倍政権でも、トップからの言及がほぼなかったことからも明らかだ。1970年代から国策民営で推進してきたにもかかわらず、民間任せで古い原発を再稼働するだけで一度も正面から向き合っていないのだ。

これは、２０５０年のカーボンニュートラルを目指す日本のエネルギーの未来にとって、必ずツケとなって回ってくる。原発を活用する、フェードアウトするのどちらにしてもだ。

「今の日本のエネルギー基本計画はインチキである」

半世紀にわたり、日本のエネルギー産業を見てきた国際大学の橘川《きつかわ》武郎《たけお》副学長は、こう断言している。橘川は、２０５０年のカーボンニュートラル、そして２０３０年の46％削減という目標は評価しつつも、日本が原発に対する議論を避けてきたせいで、この目標は達成できないとみている。というのは、現在策定中のエネルギー基本計画でも「原子力の20～22％という従来の数字は、政治的な理由でいじらない」（橘川）ことになっているというからだ。

20～22％という数字だけ見ると、マクロの数字に思えるが、原発は太陽光などの分散電源とは違い、１基当たりが１００万キロワット前後という大規模電源なので、実はこの割合だけで、どの原発をどれだけ動かすことを見越しているかが見えてくる。

橘川によると、２０３０年に20～22％という数字は、原発30基を稼働率80％で動かすことに相当する。しかし、現状で稼働している原発は９基しかなく、さらに今の規制基準への申請状況からすると、２０３０年に稼働している原発は、かなり甘く見積もっても20基超が限界であるという。現実的には20基を切る可能性もあり、再エネは現在の目標を達成するだけでも厳しいレベルなため、そうなると足りない部分が必然的に火力で賄われることになる。となると、２０３０年の削減目標達成は現実的に不可能になる。これは、そもそもエネルギー基本計画の存在意義に関わる問題だ。

　原発を活用するにしろ、フェードアウトするにしろ、具体的な方針を示さなければ、結局は日本をカーボンニュートラルから遠ざける結果だけを招くことになる。

　もう一つ、将来的なビジョンを示さずに古い原発を再稼働するやり方は、必然的に最新鋭の原発を導入するという議論を封じることにもつながっている。橘川は「原発は危険なものです。だから、必要なのは『危険性の最小化』であり、そのためには最新鋭の原子炉にリプレース（建て替え）して、老朽化した原発はたたんでいく方がいいに決まっています」と指摘する。実際、事故を起こした福島第一原発１号機は１９７１年３月に運転開始した古い炉で、まさに40歳の誕生月に爆発している。

　だが、原発の議論を避けてきた日本では、第五章で見たゲイツの新型原発のような議論も進めることができていない。それどころか今や、原発の運転期間を延長したり、運転期間のカウント方法を変えることで延命させる案までもが登場しつつある。このだましだまし古い原発を動かす姿勢が、再エネにおけるイノベーションの芽を摘み、さらには原発自体のイノベーションをさえ阻害してきたことは間違いない。

そして、正面から議論をしない姿勢が、原発容認派と反対派の不毛な争いを招いてきたともいえる。容認派は「反対派は安定供給のことも価格のことも分かっていない」と嘲笑し、反対派のなかにも「とりあえず即刻原発をすべてやめろ」というだけの人も少なくない。しかしこの問題に真正面から向き合わずして、日本の将来のビジョンが描けるはずもない。

福島事故から10年、日本がカーボンニュートラルに向かう始まりの年は、日本が原発と向き合う最後のチャンスかもしれない。

おわりに

「気候変動というのは、テクノロジーの問題である」

２０２１年3月に時価総額10兆円を記録し、アメリカ最大のスタートアップ企業となった金融決済インフラ、ストライプ（Stripe）の創業者であるパトリック・コリソンはこう発言している。日本ではまだ知る人は少ないかもしれないが、ストライプは、すでに世界の決済インフラを凄まじい勢いで塗り替えつつあるベンチャー企業であり、筆者の知る限り次世代のＧＡＦＡＭになり得る筆頭候補の企業だ。

ストライプ創業者のコリソン兄弟の経歴は強烈だ。ふたりともアイルランド生まれだが、兄パトリックは16歳で国のヤング・サイエンティスト賞のトップを取ると、地元の高校を卒業せず、飛び級で米マサチューセッツ工科大学に入る。そこでまず最初の起業を成功させた後、大学も中退してシリコンバレーでストライプを起業した。弟のジョンも、兄とともに起業するため、高校を卒業せずにシリコンバレーへと移った。その後、高校の卒業資格を得るためにアイルランドに戻り、そこから米ハーバード大学へ入学するが、こちらもストライプの起業で中退している。

ともに、ただの天才プログラマーにとどまらず、パトリックはサイエンス、歴史、国際政治にまで精通した読書家であり、ストライプに骨太の出版部門を設けた。一方のジョンもピアニストにパイロットという別の顔も持っていることは興味深い。

ちなみに、この天才兄弟が率いるストライプは「インターネットのＧＤＰを上げる」という壮大なミッションを掲げている。インターネットで取り引きされるお金の量を増やすという使命は、一企業が掲げるには巨大すぎる目標にも思えるが、ストライプは高速道路の整備のようにネットの金融インフラが整うことが自社の利益にもつながると考えているのである。事実、これまで複雑を極めていた決済のインフラに革命をもたらし、破竹の勢いで成長を続けている。

そのストライプが２０２１年２月、一つ大きな発表をした。イングランド銀行・カナダ銀行と２カ国の中央銀行で総裁を務めたマーク・カーニーを社外取締役として迎えたのである。カーニーといえば、第三章でも取り上げた気候変動と金融をめぐるシステムの基礎を整備し、さらには国連の気候変動対策の特使を務める超重要人物である。カーニーは２０２１年中とも噂されるストライプの上場に助言を行うと見られているが、同時にストライプが気候変動と金融テクノロジーを結びつけていくのにも重要な役割を果たすことは間違いない。

というのも、すでにストライプは第五章で見てきたように炭素除去テクノロジーの市場を構築するため、まだ立ち上がったばかりの初期段階のスタートアップ企業らに対し、何があっても年間最低１００万ドル（約１億円）を支払うことをコミットしている。この分野においても、カーニーがサステナブル・ファイナンスの観点から助言をするのだという。

「決済システムの高速化への要望や、気候変動の緩和への取り組みなど、マークの価値観は当社と一致しています。彼が当社の取締役会に加わることを嬉しく思います」と、発表に際してジョン・コリソンはコメントしている。

この発表には、今の気候変動をめぐる３つの示唆《しさ》がある、と筆者は感じた。

一つは、気候変動対策が次なるテクノロジーのフロンティアとなりつつあること。ストライプはシリコンバレーの新世代を代表する企業だが、今やこのテクノロジーの聖地において、巨額の投資マネーが気候変動のテクノロジーに注ぎ込まれており、ストライプでいえば、今後金融システムと気候変動をさらに交わらせていくのは確かだ。

二つ目は、このイノベーションの担い手はミレニアル以下の若い世代であること。これは第六章で見てきたような気候変動をめぐる世代間の意識の差からみても明らかだし、カーニーという世界の金融界の大物が社外取締役になったのが、まだ30代前半の起業家兄弟が率いるスタートアップ企業だったことも象徴的だ（ちなみに、一つ前の世代でいうと、アップルはまだ今のような超巨大企業になる前の２００３年にアル・ゴア元米副大統領を社外取締役に迎えている）。

三つ目は大変漠然としているのだが、これはアメリカという国が持つダイナミズムを象徴しているな、ということだ。というのも、アメリカはつい昨年まで、気候変動自体を否定していた人物がトップを務めていた国だ。トランプ支持者が多い南部の州ではエクソンやシェブロンなどの石油メジャーが君臨し、「とはいってもまだ石油は必要でしょ」と言わんばかりの強気の姿勢を示している。だが、そんな状況下にあっても、東西両海岸の州では、環境先進国とされる欧州を上回るテクノロジーや、新たなイノベーションに向けた取り組みが勝手に降って湧いてくる。それが、政権交代をきっかけに、一気に気候対策へと振り切れた。

今や、アメリカにおいては「普通のアメリカ人」というものは想定できない。気候変動をめぐっても、ゴリゴリの対策派と、完全な無視派へと振り切れている。これは人種問題でもそうだし、新型コロナ対策でもそうだ。凄まじい数の死者を出しながらも、徹底したワクチン開発と接種で一気にコロナを制圧しようとしている。もちろん、中間的な立場の人はたくさんいるはずだが、それよりも両極がもたらす引力の凄みを感じざるを得ない。

この両極への振り切り方はアメリカの悪い部分でもあるが、ことそれが生み出すダイナミズムでいうと、それこそが日本に足りないものなのではないかと感じるのだ。気候変動やエネルギー問題をめぐる議論では、日本では必ずといっていいほど、「再エネには限界がある」「高効率の石炭でも脱炭素の役に立つ」「欧州が得するだけの仕組みだ」などの批判意見が飛び出し、多数派を占めることも少なくない。そうした意見はもちろん正しい部分を含んでいるのだが、ダイナミズムという観点でいえば、確実にイノベーションを阻害している。なぜなら、日本からは「未来を作る側」の企業や人物がほとんど登場していないからだ。

2000年代に記者になった筆者は、基本的には日本の負け続ける姿しか書けていない。個別の事情はあるものの、その構図は極めて単純だ。日本は、ピークにあった1990年代前後の成功体験から抜け出せず、その仕組みを変えたくない、ということに尽きる。スマホでも、インターネットでも、エネルギーでも、できるだけ現状を維持したいというバイアスが主流派を占め、次の時代を率いるようなビジョンやテクノロジーは生まれてこない。今の気候変動やエネルギーをめぐる議論も、まさに同じ道のりを辿っているようにみえる。

　もちろん、気候変動をめぐる議論は、国の根幹に関わる問題であり、多様な意見はあってしかるべきだ。ただ、これから世界がどう転ぶにしても、日本が取りうる選択肢が石炭火力発電にせよ、ハイブリッド車にせよ、これまで食ってきたテクノロジーの延長で戦うことがメインなのだとすれば、あまりにも心もとない。それは、日本の生き残りが、世界の科学者たちが研究を積み上げた気候変動の予測が「外れる可能性」に賭けられているようにみえるからだ。実際に、懐疑派の守護神だったトランプが政権を外れたことで、日本の切り札のなさが浮き彫りになり始めているように思える。一方で、アメリカはトランプ後に方針が逆に振れても、世界をリードできる手がいくつもある。それが、ここで言いたいダイナミズムの違いだ。

　幸い日本にはまだ芽生えていないテクノロジーの種がいくつかある。人工光合成や核融合炉などの研究には産業界から期待もかけられている。何より、今世界中で使われているリチウムイオン電池や太陽光発電では、その初期に日本が重要な役割を果たしてきた。次こそ、過去の遺産を食いつぶす側に張るのではなく、30年後、50年後の地球を見据えた種を蒔けるのか。「未来を作る側」に賭けるのは、もはや遅すぎることはあっても、早すぎるということはない。

本書の執筆にあたっては、NewsPicks編集部で自動車業界を担当するキアラシ・ダナさんが第四章の草稿を担当してくれたほか、インフォグラフィック作家の砂田優花さんが図版デザインのヘルプ、インターンの山崎隼人さんがリサーチを手伝ってくれた。何よりも、NewsPicks編集部がこれまで地道に積み重ねてきた取材と記事が、本書のすべての土台になっている。編集長の池田光史さん、副編集長の後藤直義さん、佐藤留美さん、須田桃子さん、泉秀一さん、デザイナーの黒田早希さんらを始め、編集部一同には改めて感謝を申し上げたい。また、本書を執筆する貴重な機会を与えてくださった文藝春秋の髙橋夏樹さんにも改めて感謝いたします。

森川　潤（もりかわ じゅん）

NewsPicks 副編集長、ニューヨーク支局長。1981年、アメリカ・ニューヨーク州生まれ。トロント大学留学、京都大学文学部卒業後、産経新聞社入社。2009年東京本社経済本部。2011年週刊ダイヤモンド編集部へ。エネルギー業界を担当する。2016年 NewsPicks に参画。ニューヨークで経済、テクノロジー、カルチャーの最前線を追うとともに、Quartz Japan を立ち上げ、創刊編集長に。動画記事も多く手がける。著書に『アップル帝国の正体』（共著、文藝春秋）、『誰が音楽を殺したか？』（共著、週刊ダイヤモンド特集電子書籍版）など。

文春新書

1327

グリーン・ジャイアント
脱炭《だつたん》素《そ》ビジネスが世《せ》界経済《かいけいざい》を動《うご》かす

2021年 9月20日　第1刷発行
2022年10月30日　第5刷発行

著　者　森川　潤
発行者　大松芳男
発行所　株式会社　文藝春秋

〒102-8008　東京都千代田区紀尾井町 3-23
電話（03）3265-1211（代表）

印刷所　理想社
付物印刷　大日本印刷
製本所　大口製本

定価はカバーに表示してあります。
万一、落丁・乱丁の場合は小社製作部宛お送り下さい。
送料小社負担でお取替え致します。

ISBN978-4-16-661327-4

◆日本の歴史

日本プラモデル六〇年史　小林　昇
仏教抹殺　鵜飼秀徳
お寺の日本地図　鵜飼秀徳
昭和天皇　最後の侍従日記　小林　忍＋共同通信取材班
令和を生きるための昭和史入門　保阪正康
内閣調査室秘録　志垣民郎　岸　俊光編
木戸幸一　川田　稔
「京都」の誕生　桃崎有一郎
皇国史観　片山杜秀
昭和史がわかるブックガイド　文春新書編
遊王　徳川家斉　岡崎守恭
東條英機　一ノ瀬俊也
信長　空白の百三十日　木下昌輝
感染症の日本史　磯田道史
平安朝の事件簿　繁田信一
婆娑羅大名　佐々木道誉　寺田英視
経理から見た日本陸軍　本間正人
戦前昭和の猟奇事件　小池　新

インパールの戦い　笠井亮平
東京の謎《ミステリー》　門井慶喜
歴史・時代小説教室　安部龍太郎　門井慶喜　畠中　恵
お茶と権力　田中仙堂
明治日本はアメリカから何を学んだのか　小川原正道

(2022. 04) A
品切の節はご容赦下さい

◆経済と企業

金融工学、こんなに面白い　野口悠紀雄
リープフロッグ　野口悠紀雄
臆病者のための株入門　橘　玲
臆病者のための億万長者入門　橘　玲
熱湯経営　樋口武男
先の先を読め　樋口武男
就活って何だ　森　健
ビジネスパーソンのための契約の教科書　福井健策
ブラック企業　今野晴貴
ブラック企業2　今野晴貴
売る力　鈴木敏文
日本型モノづくりの敗北　湯之上隆
詐欺の帝王　溝口　敦
さらば！　サラリーマン　溝口　敦
トヨタ生産方式の逆襲　鈴村尚久
グローバリズムが世界を滅ぼす　エマニュエル・トッド　ハジュン・チャン　柴山桂太・中野剛志・藤井聡・堀茂樹

税金を払わない巨大企業　富岡幸雄
消費税が国を滅ぼす　富岡幸雄
あなたの隣のモンスター社員　石川弘子
安売り王一代　安田隆夫
働く女子の運命　濱口桂一郎
人工知能と経済の未来　井上智洋
「公益」資本主義　原　丈人
お祈りメール来た、日本死ね　海老原嗣生
ルポ　税金地獄　朝日新聞経済部
日本株式会社の顧問弁護士　児玉　博
自動車会社が消える日　井上久男
日産 vs.ゴーン　井上久男
新貿易立国論　大泉啓一郎
世界史を変えた詐欺師たち　東谷　暁
日銀バブルが日本を蝕む　藤田知也
AIが変えるお金の未来　坂井隆之・宮川裕章＋毎日新聞フィンテック取材班
なぜ日本の会社は生産性が低いのか？　熊野英生
会社員が消える　大内伸哉

キャッシュレス国家　西村友作
農業新時代　川内イオ
農業フロンティア　川内イオ
総会屋とバブル　尾島正洋
最強の相続　荻原博子
吉本興業の約束　大﨑　洋　坪田信貴
日本企業の復活力　伊丹敬之
グリーン・ジャイアント　森川　潤

（2022. 04）B

品切の節はご容赦下さい

◆世界の国と歴史

ローマ人への20の質問　塩野七生
歴史とはなにか　岡田英弘
常識の世界地図　21世紀研究会編
食の世界地図　21世紀研究会編
新・民族の世界地図　21世紀研究会編
カラー新版 地名の世界地図　21世紀研究会編
カラー新版 人名の世界地図　21世紀研究会編
フランス7つの謎　小田中直樹
一杯の紅茶の世界史　磯淵 猛
新約聖書Ⅰ　新共同訳 佐藤 優解説
新約聖書Ⅱ　新共同訳 佐藤 優解説
佐藤優の集中講義 民族問題　佐藤 優
池上彰の宗教がわかれば世界が見える　池上 彰
新・戦争論　池上 彰 佐藤 優
大世界史　池上 彰 佐藤 優
新・リーダー論　池上 彰 佐藤 優

独裁者プーチン　名越健郎
韓国併合への道 完全版　呉 善花
侮日論　呉 善花
韓国「反日民族主義」の奈落　呉 善花
イスラーム国の衝撃　池内 恵
「ドイツ帝国」が世界を破滅させる　エマニュエル・トッド 堀 茂樹訳
シャルリとは誰か?　エマニュエル・トッド 堀 茂樹訳
問題は英国ではない、EUなのだ　エマニュエル・トッド 堀 茂樹訳
中国4・0　エドワード・ルトワック 奥山真司訳
戦争にチャンスを与えよ　エドワード・ルトワック 奥山真司訳
日本4・0　エドワード・ルトワック 奥山真司訳
ラストエンペラー習近平　エドワード・ルトワック 奥山真司訳
21世紀 地政学入門　船橋洋一
地経学とは何か　船橋洋一
熱狂する「神の国」アメリカ　松本佐保
大学入試問題で読み解く「超」世界史・日本史　片山杜秀
ベートーヴェンを聴けば世界史がわかる　片山杜秀
戦争を始めるのは誰か　渡辺惣樹

第二次世界大戦 アメリカの敗北　渡辺惣樹
ルポ 絶望の韓国　牧野愛博
韓国を支配する「空気」の研究　牧野愛博
金正恩と金与正　牧野愛博
米中激突　陳 破空 山田智美訳
知立国家 イスラエル　米山伸郎
1918年最強ドイツ軍はなぜ敗れたのか　飯倉 章
「中国」という神話　楊 海英
独裁の中国現代史　楊 海英
ジェノサイド国家中国の真実　于田ケリム 楊 海英
人に話したくなる世界史　玉木俊明
16世紀「世界史」のはじまり　玉木俊明
トランプ ロシアゲートの虚実　小川 聡 東 秀敏
世界史の新常識　文藝春秋編
ヘンリー王子とメーガン妃　亀甲博行
コロナ後の世界　ジャレド・ダイアモンド ポール・クルーグマン リンダ・グラットン マックス・テグマーク スティーブン・ピンカー スコット・ギャロウェイ 大野和基編
コロナ後の未来　ユヴァル・ノア・ハラリ カタリン・カリコ ポール・ナース リンダ・グラットン リチャード・フロリダ スコット・ギャロウェイ イアン・ブレマー 大野和基編
パンデミックの文明論　ヤマザキマリ 中野信子

盗まれたエジプト文明　篠田航一
歴史を活かす力　出口治明
世界一ポップな国際ニュースの授業　藤原帰一 石田衣良
三国志入門　宮城谷昌光
悲劇の世界遺産　井出　明
シルクロードとローマ帝国の興亡　井上文則
いまさら聞けないキリスト教のおバカ質問　橋爪大三郎
プーチンと習近平 独裁者のサイバー戦争　山田敏弘

◆政治の世界

民主主義とは何なのか　長谷川三千子
司馬遼太郎 リーダーの条件　半藤一利・磯田道史 鴨下信一他
自滅するアメリカ帝国　伊藤　貫
新しい国へ　安倍晋三
日本に絶望している人のための政治入門　三浦瑠麗
あなたに伝えたい政治の話　三浦瑠麗
政治を選ぶ力　橋下　徹 三浦瑠麗
日本の分断　三浦瑠麗
国のために死ねるか　伊藤祐靖
田中角栄 最後のインタビュー　佐藤　修
日米同盟のリアリズム　小川和久
軍人が政治家になってはいけない本当の理由　廣中雅之
小泉進次郎と福田達夫　田﨑史郎
日本よ、完全自立を　石原慎太郎
内閣調査室秘録　志垣民郎 岸　俊光編
軍事と政治 日本の選択　細谷雄一編

兵器を買わされる日本　東京新聞社会部
地方議員は必要か　NHKスペシャル取材班
知事の真贋　片山善博
政治家の覚悟　菅　義偉
小林秀雄の政治学　中野剛志
枝野ビジョン 支え合う日本　枝野幸男
検証 安倍政権　アジア・パシフィック・イニシアティブ

◆社会と暮らし

樹木希林
一切なりゆき
樹木希林のことば

二〇一八年、惜しくも世を去った名女優が語り尽くした生と死、家族、女と男……。ユーモアと洞察に満ちた希林流生き方のエッセンス

1194

中野信子
サイコパス

クールに犯罪を遂行し、しかも罪悪感はゼロ。そんな「あの人」の脳には隠された秘密があった。最新の脳科学が解き明かす禁断の事実

1094

橘　玲
女と男　なぜわかりあえないのか

単純な男性脳では、複雑すぎる女性脳は理解できない！　「週刊文春」の人気連載「臆病者のための楽しい人生１００年計画」を新書化

1265

ジャレド・ダイアモンド　ポール・クルーグマン　リンダ・グラットンほか
コロナ後の世界

新型コロナウイルスは、人類の未来をどう変えるのか？　世界が誇る知識人六名に緊急インタビュー。二〇二〇年代の羅針盤を提示する

1271

立花　隆
知の旅は終わらない
僕が３万冊を読み１００冊を書いて考えてきたこと

立花隆は巨大な山だ。政治、科学、歴史、音楽……、万夫不当の仕事の山と、その人生を初めて語った。氏を衝き動かしたものは何なのか

1247